重庆市骨干高等职业院校建设项目规划教材
重庆水利电力职业技术学院课程改革系列教材

建筑工程计价

主　编　吴才轩　周　钏　陈　鹏

副主编　郭婷婷　唐　洁　吴渝玲

　　　　付小凤

主　审　张小华

黄河水利出版社

·郑州·

内 容 提 要

本书是重庆市骨干高等职业院校建设项目规划教材、重庆水利电力职业技术学院课程改革系列教材之一,由骨干建设资金支持,根据高职高专教育建筑工程计价课程标准及理实一体化教学要求编写完成。本书主要内容包括四个学习情境、十二个教学任务,具体包括工程造价的含义及其组成,工程造价计价特点,建筑工程计价定额简介,建筑工程计价定额的应用,定额模式下的造价构成及计价程序,施工图预算的编制及案例,工程量清单计价概述,清单计价规范简介,清单模式下的造价构成及计价程序,工程量清单计价编制及案例,施工预算的审查,工程结算。

本书可供高职高专工程造价专业、建设工程管理专业教学使用,也可供土建类相关专业及建筑工程专业技术人员学习参考。

图书在版编目(CIP)数据

建筑工程计价/吴才轩,周钏,陈鹏主编. —郑州:黄河水
利出版社,2016.12
重庆市骨干高等职业院校建设项目规划教材
ISBN 978 – 7 – 5509 – 1636 – 4

Ⅰ.①建…　Ⅱ.①吴…　②周…　③陈…　Ⅲ.①建筑工
程 – 工程造价 – 高等职业教育 – 教材　Ⅳ.①TU723.3

中国版本图书馆 CIP 数据核字(2016)第 317975 号

组稿编辑:王路平　　电话:0371 – 66022212　　E-mail:hhslwlp@ 163. com

出　版　社:黄河水利出版社　　　　　　　　　网址:www. yrcp. com
　　地址:河南省郑州市顺河路黄委会综合楼 14 层　　邮政编码:450003
发行单位:黄河水利出版社
　　发行部电话:0371 – 66026940、66020550、66028024、66022620(传真)
　　E-mail:hhslcbs@ 126. com
承印单位:河南承创印务有限公司
开本:787 mm×1 092 mm　　1/16
印张:11.25
字数:260 千字　　　　　　　　　　　　印数:1—1 000
版次:2016 年 12 月第 1 版　　　　　　　印次:2016 年 12 月第 1 次印刷
定价:27. 00 元

前 言

按照"重庆市骨干高等职业院校建设项目"规划要求,建筑工程管理专业是该项目的重点建设专业之一,由骨干建设资金支持、重庆水利电力职业技术学院负责组织实施。按照子项目建设方案和任务书,通过广泛深入的行业、市场调研,与行业、企业专家共同研讨,不断创新基于职业岗位能力的"项目导向、三层递进、教学做一体化"的人才培养模式,以房地产和建筑行业生产建设一线的主要技术岗位核心能力为主线,兼顾学生职业迁徙和可持续发展需要,构建基于职业岗位能力分析的教学做一体化课程体系,优化课程内容,进行精品资源共享课程与优质核心课程的建设。经过三年的探索和实践,已形成初步建设成果。为了固化骨干建设成果,进一步将其应用到教学之中,最终实现让学生受益,经学院审核,决定正式出版系列课程改革教材,包括优质核心课程和精品资源共享课程等。

教材遵循"建筑工程定额计价"与"工程量清单计价"两种模式的建筑工程造价计价方法,结合《重庆市建筑工程计价定额》(CQJZDE—2008)、《重庆市建设工程费用定额》(CQFYDE—2008)、《重庆市混凝土及砂浆配合比表、施工机械台班定额》(CQPSDE—2008),实际做了详细阐述。随着《建筑安装工程费用项目组成》(建标〔2013〕44号文)、《建筑工程工程量清单计价规范》(GB 50500—2013)的修订及在全国范围的推广,工程量清单计价模式已经得到越来越广泛的应用。工程量清单计价是在建设工程招标投标中,由招标人按照国家统一的工程量计算规则提供工程数量,由投标人自主报价,并按照经评审低价中标的(或综合评标的原则)、国际通行的工程造价计价模式进行定标。工程量清单计价相对于传统的定额计价模式,在全国广泛推广,高等职业技术院校的工程造价专业、工程管理专业以及建筑类其他专业的课程体系也应适应当前工程计价模式的改革,本教材就是为了适应高等职业技术教育的迫切需要而编写的。本书的特色如下:

(1)内容根据最新的规范进行编写。

(2)结合实际工程案例讲授工程造价文件的编制,案例介绍更加完整,简明适用。

本书以适应社会需求为目标,以培养技术技能为主线,在内容选择上考虑工程造价专业人员的深度与广度,以"必需、够用"为度,以"讲清概念,强化应用"为重点,深入浅出,注重实用。

本教材侧重于对学生专业知识和技能的培养,将相关的专业法规、标准和规范等知识融为一体,资料翔实、内容丰富、图文并茂,体现了编写的全面性、先进性和实用性。本书既可作为高职高专土建学科相关专业教材,也可作为土建造价人员、预算人员、技术管理人员学习、培训的参考用书。

本书由重庆水利电力职业技术学院承担编写工作,编写人员及编写分工如下:学习情境一由吴才轩编写;学习情境二的任务一、二、三由吴渝玲、陈鹏编写,任务四由郭婷婷、陶小春编写;学习情境三任务一由吴才轩编写,任务二、三由周钏、张曦编写,任务四由唐洁、康建军编写;学习情境四任务一由吴才轩编写,任务二由付小凤编写。本书由吴才轩、周钏、陈鹏担任主编,吴才轩负责全书统稿;由郭婷婷、唐洁、吴渝玲、付小凤担任副主编;由张小华担任主审。

本书的编写出版,得到了四川华信工程造价咨询事务所有限公司、重庆虹华建筑工程监理有限公司、重庆名威建设工程咨询有限公司的大力支持,在此一并表示衷心的感谢!

由于编者水平有限,书中难免存在错漏和不足之处,恳请广大读者批评指正。

编　者

2016 年 8 月

目　录

学习情境一　建筑工程计价概述

任务一　工程造价含义及其组成

一、工程造价的含义

工程造价是工程项目按照确定的建设内容、建设规模、建设标准、功能要求和使用要求等全部建成并验收合格交付使用所需的全部费用。在它的基本构成中,包括购买工程项目所需各种设备的费用、建筑施工所需费用、委托工程勘察设计应支付的费用、购置土地所需的费用,也包括建设单位自身进行项目筹建和项目管理所花费的费用等。

工程造价的概念,可以从两个角度去理解,即广义的理解和狭义的理解。

广义的理解,工程造价是指工程项目从立项决策到竣工验收、交付使用全过程所需的全部投入费用,这是从投资者的角度而言。

狭义的理解,工程造价是指施工企业在建筑安装过程中发生的生产和经营管理等的费用综合,这是从施工单位的角度而言。

实际上,平时所说的工程造价是指后一种理解,例如说某一栋大楼预算造价多少,是说建造这栋大楼要花多少钱。本书主要讨论这种意义上的工程造价,即建筑安装工程费用。

二、建设项目总费用组成

按我国现行规定,建设项目从筹建到竣工验收、交付使用所需的费用包括建筑安装工程费用、设备及工器具购置费、工程建设其他费用、预备费、建设期贷款利息等部分。

具体组成如图 1-1 所示。

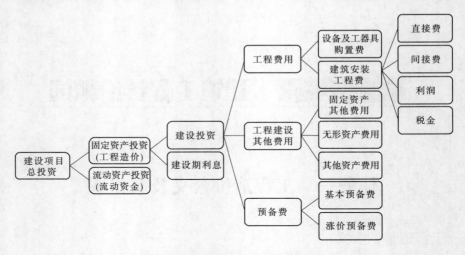

图 1-1　我国现行工程造价的构成

任务二　工程造价计价特点

一、工程造价及其计价特点

建设工程项目作为一种商品,其造价也同其他商品一样,包括各种活劳动和物化劳动的消耗量,以及这些消耗所创造的社会价值。但是,建设工程项目又有其特殊性。

建设工程具有产品固定而生产流动的特点,产品单件性、多样性的特点,产品体积庞大、生产周期长、露天作业的特点。这些特点决定了工程造价及计价的特点。

(一)工程造价的特点

工程造价的特点是由工程建设的特殊性决定的,具有大额性、个别性和差异性、动态性、层次性和兼容性的特点。

1. 工程造价的大额性

能够发挥投资效用的任何一项工程,不仅实物形体庞大,而且造价高昂。动辄数百万、数千万、数亿、十几亿元人民币,特大型工程项目的造价可达百亿、千亿元人民币。工程造价的大额性事关有关各方的重大经济利益,也会对宏观经济产生重大影响。这就决定了工程造价的特殊地位,也说明了造价管理的重要意义。

2. 工程造价的个别性和差异性

任何一项工程都有特定的用途、功能和规模,每项工程所处地区、地段都不相同。因此,不同工程的内容和实物形态都具有差异性,这就决定了工程造价的个别性。

3. 工程造价的动态性

任何一项工程从决策到竣工交付使用,都有一个较长的建设时间。在预计工期内,许多影响工程造价的动态因素,如工程变更、设备材料价格、工资标准、费率、利率、汇率等都有可能发生变化。这种变化必然会造成造价的变动。所以,工程造价在整个建设期处于不确定状态,直至竣工决算后才能最终确定工程的实际造价。

4．工程造价的层次性

建设工程的层次性决定了工程造价的层次性。一个建设项目（如学校）往往是由多项单项工程（如教学楼、办公室、宿舍楼等）组成的。一个单项工程又是由若干个单位工程（如土建工程、给排水工程、电气安装工程等）组成的。与此相对应，工程造价也有三个层次，即项目总造价、单项工程造价和单位工程造价。

5．工程造价的兼容性

工程造价的兼容性首先表现在它具有两种含义，其次表现在工程造价构成因素的广泛性和复杂性。在工程造价中，首先成本因素非常复杂；其次为获得建设工程用地支出的费用、项目可行性研究和规划设计费用、与政府一定时期决策（特别是产业政策和税收政策）相关的费用占有相当的份额；再次盈利的构成也较为复杂，资金成本比较大。

（二）工程造价的计价特点

1．单件性计价

建筑工程产品的个别性和差异性决定每项产品都必须单独计算造价。

2．多次性计价

建设项目建设周期长、规模大、造价高，因此按建设程序要分阶段进行。相应地也要在不同阶段多次计价，以保证工程造价计算的准确性和控制的有效性。多次性计价是逐步深化、细化和接近实际造价的过程。对于大型建设项目，其计价过程如图1-2所示。

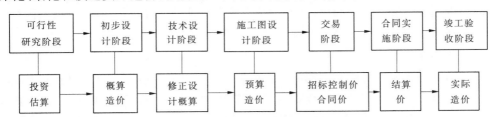

图1-2　建设工程多次计价示意图

（1）投资估算。投资估算是指在项目建议书和可行性研究阶段，根据投资估算指标、类似工程的造价资料、现行的设备材料价格并结合工程的实际情况，对拟建项目的投资进行预测和确定。投资估算是判断项目可行性、进行项目决策的主要依据之一。投资估算又是项目决策筹资和控制造价的主要依据。

（2）概算造价。概算造价是指在初步设计阶段，根据初步设计意图和有关概算定额或概算指标等，通过编制工程概算文件，预先测算和限定的工程造价。概算造价与投资估算造价相比准确性有所提高，但应在投资估算造价控制之内，并且是控制拟建项目投资的最高限额。概算造价可分为建设项目概算总造价、单项工程概算综合造价和单位工程概算造价三个层次。

（3）修正概算造价。修正概算造价是指当采用三阶段设计时，在技术设计阶段，随着对初步设计的深化，建设规模、结构性质、设备类型等方面可能要进行必要的修改和变动，因此初步设计概算随之需要做必要的修正和调整。但一般情况下，修正概算造价不能超过概算造价。

（4）预算造价。预算造价又称施工图预算，它是指在施工图设计阶段，根据施工图纸以及各种计价依据和有关规定计算的工程预期造价。它比概算造价或修正概算造价更为详尽和准确,但不能超过设计概算造价。

(5)合同价。合同价是指在工程招标投标阶段,在签订总承包合同、建筑安装工程施工承包合同、设备材料采购合同时,由发包方和承包方共同协商一致作为双方结算基础的工程合同价格。合同价属于市场价格的性质,它是由承、发包双方根据市场行情共同议定和认可的成交价格,但它并不等同于最终决算的实际工程造价。

(6)结算价。结算价是指在合同实施阶段,以合同价为基础,同时考虑影响工程造价的设备与材料价差、工程变更等因素,按合同规定的调价范围和调价方法对合同价进行必要的修正和调整后确定的价格。结算价是该单项工程实际造价。

(7)实际造价。实际造价是指在竣工验收阶段,根据工程建设过程中实际发生的全部费用,通过编制竣工决算,最终确定的建设项目实际工程造价。

3. 计价的组合性

工程造价的计算是分部组合而成的,这一特征和建设项目的组合性有关。一个建设项目是一个工程综合体。这个综合体可以分解为许多有内在联系的独立和不能独立的工程。从计价和工程管理的角度看,分部分项工程还可以分解。由此可以看出,建设项目的这种组合性决定了计价的过程是一个逐步组合的过程。这一特征在计算概算造价和预算造价时尤为明显,同时也反映到合同价和结算价中。其计价程序是:分部分项工程费用→单位工程造价→单项工程造价→建设项目总造价。

4. 方法的多样性

工程造价的多次性计价有不同的计价依据,对造价的精确度要求也不相同,这就决定了计价方法有多样性的特征。如计算概、预算造价的方法有单价法和实物法等,计算投资估算的方法有设备系数法、生产能力指数估算法等。不同的方法利弊不同,适应条件也不同,计价时要根据具体情况加以选择。

5. 依据的复杂性

由于影响造价的因素多,所以计价依据的种类也多,主要可以分为以下七类:

(1)计算设备和工程量的依据。

(2)计算人工、材料、机械等实物消耗量的依据。

(3)计算工程单价的依据。

(4)计算设备单价的依据。

(5)计算其他费用的依据。

(6)政府规定的税费依据。

(7)物价指数和工程造价指数依据。

依据的复杂性不仅使计算过程复杂,而且要求计价人员能熟悉各类依据,并加以正确应用。

三、工程计价概述

（一）工程计价概念及其原理

1. 建设工程造价计价的概念

建设工程造价计价就是计算和确定建设项目的工程造价，简称工程计价，也称工程估价。具体是指工程造价人员在项目实施的各个阶段，根据各个阶段的不同要求，遵循计价原则和程序，采用科学的计价方法，对投资项目最可能实现的合理价格做出科学的计算，从而确定投资项目的工程造价，编制工程造价的经济文件。

由于工程造价具有大额性、个别差异性、动态性、层次性及兼容性等特点，所以工程计价的内容、方法及表现形式也就各不相同。业主或其委托的咨询单位编制的工程项目投资估算、设计概算、咨询单位编制的标底、承包商及分包商提出的报价，都是工程计价的不同表现形式。

2. 建设工程造价计价的基本原理——工程项目的分解与组合

由于建设工程项目的技术经济特点如单件性、体积大、生产周期长、价值高，以及交易在先、生产在后等，使得建设项目工程造价形成过程和机制与其他商品不同。

工程项目是单件性与多样性组成的集合体。每一个工程项目的建设都需要按业主的特定需要进行单独设计、单独施工，不能批量生产和按整个工程项目确定价格，只能采用特殊的计价程序和计价方法，即将整个项目分解，划分为可以按有关技术经济参数测算价格的基本单元子项或分部、分项工程。这是既能够用较为简单的施工过程生产出来，又可以用适当的计量单位计算并便于测定或计算的工程的基本构造要素，也称为"假定的建筑安装产品"。工程造价计价的主要特点就是按工程分解结构进行，将这个工程分解至基本项就能很容易地计算出基本子项的费用。一般来说，分解结构层次越多，基本子项也越细，计算也更精确。

任何一个建设项目都可以分解为一个或几个单项工程。单项工程是具有独立意义的，能够发挥功能要求的完整的建筑安装产品。任何一个单项工程都是由一个或几个单位工程组成的。就建筑工程来说，单位工程一般有土建工程、给排水工程、暖卫工程、电气照明工程、室外环境与道路工程，以及单独承包的建筑装饰工程等。单位工程若进行细分，又是由许多结构构件、部件、成品与半成品等所组成的。如单位工程中的一般土建墙体、楼地面、门窗、楼梯、屋面、内外装修等。这些组成部分是由不同的建筑安装工人，利用不同工具和使用不同材料完成的。从这个意义上来说，一般土建单位工程又可以按照施工顺序细分为土石方工程、砖石砌筑工程、混凝土及钢结构混凝土工程、木结构工程、楼地面工程等分部工程。

对于上述房屋建筑的一般土建工程分解成分部工程后，虽然每一部分都包括不同的结构和装修内容，但是从建筑工程估价的角度来看，还需要把分部工程按照不同的施工方法、不同的构造及不同的规格，加以更为细致的分解，划分更为简单、细小的部分。经过这样逐步分解到分项工程后，就可以得到基本构造要素了。找到了适当的计量单位，找到当时当地的单价，就可以采取一定的计价方法，进行分项分部组合汇总，计算出某工程的工程总造价。

工程造价的计算从分解到组合的特征是与建设项目的组合性有关的。一个建设项目是一个工程综合体。这个综合体可以分解为许多有内在联系的独立和不能独立的工程，因此建设项目的工程造价计价过程就是一个逐步组合的过程。

（二）工程计价的基本方法与模式

1. 工程计价的基本方法

工程计价的形式和方法有多种，各不相同，但工程计价的基本过程和原理是相同的。

如果仅从工程费用计算角度分析，工程计价的顺序是：分部分项工程费用→单位工程造价→单项工程造价→建设项目总造价。

影响工程造价的主要因素有两个，即基本构造要素的单位价格和基本构造要素的实物工程数量，可用下列基本计算式表达：

$$\text{工程造价} = \sum(\text{实物工程量} \times \text{单位价格}) \tag{1-1}$$

基本子项的单位价格高，工程造价就高；基本子项的实物工程数量越大，工程造价也就越大。

在进行工程造价计价时，实物工程量的计量单位是由单位价格的计量单位决定的。如果单位价格计量单位的对象取得较大，得到的工程估算就较粗，反之则工程估算较细、较准确。基本子项的工程实物量可以通过工程量计算规则和设计图纸计算得到，它可以直接反映工程项目的规模和内容。

对基本子项的单位价格分析，可以有以下两种形式：

（1）直接费单价——定额计价方法。如果分部分项工程单位价格仅仅考虑人工、材料、机械资源要素的消耗量和价格形式，即

$$\text{单位价格} = \sum(\text{分部分项工程的单位资源要素消耗量} \times \text{资源要素的价格}) \tag{1-2}$$

该单位价格是直接费单价。分部分项工程的单价资源要素消耗量的数据经过长期的收集、整理和积累形成了工程建设定额，它是工程造价计价的重要依据。它与劳动生产率、社会生产力水平、技术和管理水平密切相关。业主方工程造价计价的定额反映的是社会平均生产力水平；而工程项目承包方进行计价的定额反映的是该企业技术与管理水平的企业定额。资源要素的价格是影响工程造价的关键因素。在市场经济体制下，工程计价时采用的资源要素的价格应该是市场价格。

直接费单价只包括人工费、材料费和机械台班使用费，它是分部分项工程的不完全价格。我国现行有两种计价方式，一种是单位估价法，另一种是实物估价法。单位估价法是运用定额单价计算的，即首先计算工程量，然后查定额单价（基价），与相对应的分部工程量相乘，得出各分项工程的人工费、材料费、机械费，再将各分项工程的上述费用相加，得出分部分项工程的直接工程费。实物估算法，它首先是计算工程量，然后套用基础定额，计算人工、材料和机械台班消耗量，将所有分部分项工程资源消耗量进行归类汇总，再根据当时、当地的人工、材料、机械单价，计算并汇总人工费、材料费、机械使用费，得出分部分项工程直接工程费。在此基础上再计算措施费，进而计算工程直接费、间接费、利润和税金，将直接费与上述费用相加，即可得出单位工程造价（价格），然后依次汇总直到计算出工程总造价。

（2）综合单价——工程量清单计价法。如果在单位价格中还考虑直接费以外的其他

一切费用,则构成的是综合单价。不同的单价形式形成不同的计价方式。

综合单价法是指分部分项工程量的单价既包括直接工程费、间接费、利润和税金,也包括合同约定的所有工料价格变化风险等一切费用,它是一种完全计价形式。工程量清单计价法是一种国际上通行的工程造价计价方式,所采用的就是分部分项工程的完全单价。按照我国《建筑工程施工发包与承包计价管理办法》(建设部第 107 号令)的规定,综合单价是由分部分项工程的直接费、间接费、利润和税金组成的,而直接费是以人工、材料、机械的消耗量及相应价格确定的。

综合单价的产生是使用工程量清单计价方法的关键。投标报价中使用的综合单价应由企业编制的企业定额产生。由于在每个分项工程上确定利润和税金比较困难,故可以编制含有直接费和间接费的综合单价,在求出单位工程总的直接费和间接费后,再统一计算单位工程的利润和税金,汇总得出单位工程的造价。最后依次汇总直到计算出工程总造价。

2. 工程计价的模式

1) 建设工程定额计价模式

建设工程定额计价是我国长期以来在工程价格行程中采用的计价模式,是国家通过颁布统一的估价指标、概算定额、预算定额和相应的费用定额,对建筑产品价格有计划管理的一种方式。在计价中以定额为依据,按定额规定的分部分项子目,逐项计算工程量,套用定额单价(或单位估价表)确定直接费,然后按规定取费标准确定构成工程价格的其他费用和利税,获得建筑安装工程造价。建设工程概预算书就是根据不同设计阶段设计图纸和国家规定的定额、指标及各项费用取费标准等资料,预先计算的新建、扩建、改建工程投资额的技术经济文件。由建设工程概预算书所确定的每一个建设项目、单项工程或单位工程的建设费用,实质上就是相应工程的计划价格。

长期以来,我国发、承包计价以工程概预算定额为主要依据。因为工程概预算定额是我国几十年计价实践的总结,具有一定的科学性和实践性,所以用这种方法计算和确定工程造价过程简单、快速、比较准确,也有利于工程造价管理部门的管理。但预算定额是按照计划经济的要求制定、发布、贯彻执行的,定额中工、料、机的消耗量是根据"社会平均水平"综合测定的,费用标准是根据不同地区平均测算的,因此企业采用这种模式报价时就会表现为平均主义,企业不能结合项目具体情况、自身技术优势、管理水平和材料采购渠道价格进行自主报价,不能充分调动企业管理的积极性,也不能充分体现公平竞争的基本原则。

2) 工程量清单计价模式

工程量清单计价模式,是建设工程招投标中,按照国家统一的工程量清单计价规范,招标人或其委托的有资质的咨询机构编制反映工程实体消耗和措施消耗的工程量清单,并作为招标文件的一部分提供给招标人,由投标人依据工程量清单,根据各种渠道所获得的工程造价信息和经验数据,结合企业定额自主报价的计价方式。

我国现行建设行政主管部门发布的工程预算定额消耗量和有关费用及相应价格是按照社会平均水平编制的,以此为依据形式的工程造价基本上属于社会平均价格。这种平均价格可作为市场竞争的参考价格,但不能充分反映参与竞争企业的实际消耗和技术管理水平,在一定程度上限制了企业的公平竞争。采用工程量清单计价,能够反映出承建企业的工程个别成本,有利于企业自主报价和公平竞争;同时,实行工程量清单计价,工程量清单作为招标文件和合同文件的重要组成部分,对于规范招标人计价行为,在技术上避免招标弄虚作假和暗箱操作及保证工程款的支付结算都会起到重要作用。

目前,我国建设工程造价实行"双轨制"计价管理办法,即定额计价和工程量清单计价方法同时实行。工程量清单计价作为一种市场价格的形成机制,主要在工程招标投标和结算阶段使用。

复习题

一、单项选择题

1. 在固定资产投资中,形成固定资产的主要手段是(　　)。
  A. 基本建设投资　　　　　　　　　　B. 更新改造投资
  C. 房地产开发投资　　　　　　　　　D. 其他固定资产投资

2. 在建设项目中,凡具有独立的设计文件,竣工后可以独立发挥生产能力或投资效益的工程称为(　　)。
  A. 建设项目　　　　　　　　　　　　B. 单项工程
  C. 单位工程　　　　　　　　　　　　D. 分部工程

3. 工程造价的第二种含义是从(　　)角度定义的。
  A. 建筑安装工程　　　　　　　　　　B. 建筑安装工程承包商
  C. 设备供应商　　　　　　　　　　　D. 建设项目投资者

4. 按照工程造价的第一种含义,工程造价是指(　　)。
  A. 建设项目总投资　　　　　　　　　B. 建设项目固定资产投资
  C. 建设工程投资　　　　　　　　　　D. 建筑安装工程投资

5. 工程之间千差万别,在用途、结构、造型、坐落位置等方面都有很大的不同,这体现了工程造价(　　)的特点。
  A. 动态性　　　B. 个别性和差异性　　C. 层次性　　　　D. 兼容性

6. 在项目建设全过程的各个阶段中,即决策、初步设计、技术设计、施工图设计、招投标、合同实施及竣工验收等阶段,都进行相应的计价,分别对应形成投资估算、设计概算、修正概算、施工图预算、合同价、结算价及决算价等。这体现了工程造价(　　)的计价特征。
  A. 复杂性　　　B. 多次性　　　　　C. 组合性　　　　D. 方法多样性

7. 工程实际造价是在(　　)阶段确定的。
  A. 招投标　　　B. 合同签订　　　C. 竣工验收　　　D. 施工图设计

8. 预算造价是在(　　)阶段编制的。
  A. 初步设计　　B. 技术设计　　　C. 施工图设计　　D. 招标投标

9. 概算造价是指在初步设计阶段,根据设计意图,通过编制工程(概)预算文件预先测算和确定的工程造价,主要受到(　　)的控制。

A.投资估算　　　B.合同价　　　　C.修正概算造价　　D.实际造价

二、多项选择题

1.建设项目按照行业性质和特点划分包括(　　)。

A.基本建设项目　　　　B.更新改造项目　　　　C.竞争性项目

D.基础性项目　　　　　E.公益性项目

2.在有关工程造价基本概念中,下列说法正确的有(　　)。

A.工程造价两种含义表明需求主体和供给主体追求的经济利益相同

B.工程造价在建设过程中是不能确定的,直至竣工决算后才能确定工程的实际造价

C.实现工程造价职能的最主要条件是形成市场竞争机制

D.生产性项目总投资包括其总造价和流动资产两部分

E.建设项目各阶段依次形成的工程造价之间的关系是前者制约后者,后者补充前者

3.工程价格是指建成一项工程预计或实际在土地市场、设备和技术劳务市场、承包市场等交易活动中形成的(　　)。

A.综合价格　　　　　　B.商品和劳务价格　　　　C.建筑安装工程价格

D.流通领域商品价格　　E.建设工程总价格

4.工程造价的特点有(　　)。

A.大额性　　B.个别性和差异性　C.静态性　　　D.层次性　　　E.组合性

5.工程造价计价特征有(　　)。

A.单件性　　B.批量性　　　　C.多次性　　　　D.一次性　　　E.组合性

6.工程造价具有多次性计价特征,其中各阶段与造价对应关系正确的是(　　)。

A.招标投标阶段→合同价　　　　　B.施工阶段→合同价

C.竣工验收阶段→实际造价　　　　D.竣工验收阶段→结算价

E.可行性研究阶段→概算造价

学习情境二　定额计价

任务一　建筑工程计价定额简介

在社会生产中，每生产一种产品，都会消耗一定数量的人工、材料、机械台班等资源。所谓定额，是指社会物质生产部门在生产经营活动中，根据一定的技术组织条件，在一定的时间内，为完成一定数量的合格产品所规定的人力、物力和财力消耗的数量标准。

在不同的生产经营领域有不同的定额。建设工程定额是专门为建筑产品生产而制定的一种定额，指在正常的施工条件下，完成一定计量单位的合格产品所必须消耗的劳动力、材料、机械台班的数量标准。

例如，《全国统一建筑工程基础定额》（GJD—101—95）子目"4－1"规定：

每砌筑 10 m³砖基础需要消耗：人工 12.18 工日；

标标准砖 5.236 千块，砂浆 2.36 m³；

灰浆搅拌机 0.39 台班。

其中，10 m³是建筑产品"砖基础"的计量单位；工日是人工消耗的计量单位，一个工人工作 8 小时为 1 个工日；台班是施工机械使用消耗的计量单位，每台机械运转 8 小时为一个台班。

建设工程计价是以货币形式表现概算、预算定额中一定计量单位的分项工程或结构构件工程单价的计算表，又称工程单价表，简称单价表。它是根据预算定额所确定的人工、材料和机械台班消耗数量（"三量"）乘以人工工资单价、材料预算价格和机械台班单价（"三价"），得出人工费、材料费和机械台班费（"三费"），然后汇总成一定计量单位的工程单价。

应该注意，单位估价表中的工程单价是指单位假定建筑产品的不完全价格。

工程单价与完整的建筑产品价值在概念上是完全不同的一种单价。完整的建筑产品价值，是建筑物或构筑物在真实意义上的全部价值，即完全成本加利税。单位假定建筑安装产品单价，不仅不是可以独立反映建筑物或构筑物价值的价格，甚至也不是单位假定建筑产品的完整价格，因为这种工程单价仅仅由直接工程费用中的人工费、材料费和机械费构成。

一、《重庆市建筑工程计价定额》（CQJZDE—2008）的组成内容

计价定额一般是由一个红头文件开头，其次是目录、总说明、建筑面积计算规则、各分章内容及附录等。各分章内容又包括分章说明、分部工程量计算规则、分章定额项目表

（分部工程单位估价表）等。

下面以《重庆市建筑工程计价定额》（CQJZDE—2008）为例，说明单位估价表的组成。

（一）红头文件

红头文件是指国家及地方建设行政主管部门颁发的文件，是计价表具有法令性的必要依据，该文件一般要明确规定计价表的执行时间、适用范围及相关内容。

翻开《重庆市建筑工程计价定额》（CQJZDE—2008），首先便是重庆市建设委员会渝建发〔2008〕17 号文件。文件规定：本定额于 2008 年 4 月 1 日起，在新开工的建设工程中执行；本定额与费用定额、台班定额配套执行；本定额由重庆市建设工程造价管理总站负责管理和解释。

（二）目录

计价定额目录除具备一般书籍目录的功用外，还是熟悉计价定额的一个通道。熟悉计价定额是编制预算的基本功之一，通览目录是整体了解把握计价定额的良好方式。

（三）总说明

总说明主要阐述计价定额的用途、编制说明、适用范围、已考虑的因素和未考虑的因素、使用中应注意的事项和有关问题。例如《重庆市建筑工程计价定额》（CQJZDE—2008）总说明第十条规定：本定额的混凝土强度等级、砌筑砂浆强度等级、抹灰砂浆配合比以及砂石品种，如设计与定额不同，应根据设计和施工规范要求，按"混凝土及砂浆配合比表"进行换算，但粗骨料的粒径规格不作调整。

（四）建筑面积计算规则

《重庆市建筑工程计价定额》（CQJZDE—2008）中的建筑面积计算规则执行 2005 年国家标准《建筑工程建筑面积计算规则》（GB/T 50353—2005）。

（五）各分部（章）内容

其内容由以下 3 部分组成。

1. 分章说明

一般情况下，分章说明主要是说明本章计价定额应用的相关规定，如定额调整与换算，来源于基础定额的规定。例如《重庆市建筑工程计价定额》（CQJZDE—2008）第一章说明："人工土石方项目是按干土编制的，如挖湿土时，人工乘以系数 1.18"，这与基础定额第一章的相应规定完全一致。

分章说明是正确使用基价表的重要依据和原则，应用基价表以前必须仔细阅读，不然就会造成错套、漏套或重套。

2. 工程量计算规则

工程量计算规则是预算编制极其重要的前提与基础，必须认真学习、细心体会、逐步掌握、熟练运用。各地区基价表中的计算规则以《全国统一建筑工程预算工程量计算规则》为基础，根据本地区具体情况做必要调整和修改。本书在以后相关章节的讲述均以《重庆市建筑工程计价定额》（CQJZDE—2008）规定的工程量计算规则为准。

3. 分部分项工程单位估价表

这是计价定额的核心内容，也是篇幅最多的内容，它具体规定了完成一定计量单位的合格工程的人工费、材料费、机械费、基价以及主要材料的消耗量。

（六）附录、附件

如"混凝土及砂浆配合比表""施工机械台班定额"等。

二、定额说明

本书以《重庆市建筑工程计价定额》（CQJZDE—2008）为基础进行相关内容介绍。

（1）《重庆市建筑工程计价定额》（CQJZDE—2008）（简称定额）是根据建设部颁布的1995年《全国统一建筑工程基础定额》（GJD—101—95）、1999年《全国统一建筑工程基础定额重庆市基价表》、2003年《重庆市建筑工程消耗量定额》（CQXHL—201—2003）、现行有关设计规范、施工验收规范、质量评定标准、国家产品标准、安全操作规程，并参考了行业、地方标准以及有代表性的工程设计、施工资料、其他资料等依据和相关规定，结合重庆市实际情况进行编制的。

（2）本定额适用于重庆市行政区域内新建、扩建、改建的工业与民用建筑工程。

（3）本定额是编制和审核工程预算、工程标底、最高限价、工程结算的依据，是编制企业定额、投标报价和工程量清单综合单价的参考依据，也是编制预算定额和建设工程估算指标的基础。

（4）本定额是按照正常的施工条件，目前多数建筑企业的施工机械装备程度，合理的施工工期、施工工艺、劳动组织为基础编制的，反映了人工、材料、机械平均消耗水平。本定额中的人工、材料、机械消耗量除规定允许调整外，均不得调整。

（5）本定额用工不分工种、技术等级，以综合工日表示。内容包括：基本用工、超运距用工、人工幅度差、辅助用工。人工单价分别为：土石方用工22.00元/工日，机械操作用工28.00元/工日，其他用工25.00元/工日。人工单价包括基本工资、工资性补贴、辅助工资、职工福利和劳动保护费。

（6）本定额材料消耗已包括施工中消耗的主要材料、辅助材料和零星材料，辅助材料和零星材料合并为其他材料。本定额人工、材料、成品和机械燃（油）料价格，是以定额编制期的价格为依据确定的基价，作为计取费用的基础，其价差可参照重庆市建设工程造价管理机构发布的工程所在地的信息价格或市场价格进行调整。

（7）本定额已包括材料、成品、半成品从工地仓库、现场堆放地点或现场加工地点至操作安装地点的水平运输以及运输损耗、施工操作损耗、施工现场堆放损耗。

（8）本定额已包括工程施工的周转性材料和中小型机械的25km以内，从甲工地（或基地）至乙工地搬迁运输费和场内运输费。

（9）本定额是按建筑物檐口高度20m以内编制的（除已注明高度项目），檐口高度超过20m时，其超高人工、机械降效费应按"建筑物超高人工、机械效率"项目计算。

（10）本定额的混凝土强度等级、砌筑砂浆强度等级、抹灰砂浆配合比以及砂石品种，如设计与定额不同，应根据设计和施工规范要求，按"混凝土和砂浆配合表"进行换算，但粗骨料的粒径规格不作调整。

（11）本定额中所采用的水泥强度等级是根据市场生产与供应情况和施工操作规程考虑的，施工中实际采用水泥强度等级不同时，不作调整。

（12）本定额中已考虑了砂的膨胀率和现场需要过筛的人工费及筛砂损耗。当因设计或施工要求采用砂的品种与本定额不同时,不作调整。

(13)凡使用混凝土输送泵或混凝土输送泵车的工程,其混凝土输送使用量达到建筑物上升工程现浇混凝土总量40%以上时,其工程垂直运输定额乘以0.95。

(14)本定额土石方运输、构件运输及特大型机械进出场中已综合考虑了运输道路等级、重车上下坡等多种因素,但不包括过路费、过桥费和桥梁加固、道路拓宽、道路修整等费用,发生时另行计算。

(15)本定额不包括机械原值在2 000元以内、使用年限在2年以内,不构成固定资产的工具用具性小型机械及其消耗的材料,该项"工具用具使用费"已包含在企业管理费中。

(16)本定额的缺项,按2008年重庆市装饰、安装、市政、仿古及园林、修缮工程计价定额及本市相关定额执行;再缺项时,由建设、施工、监理单位共同编制一次性补充定额,并报重庆市建设工程造价管理总站备案。

(17)本定额的"工作内容"中已说明了主要施工工序,次要工序虽未说明,但均已包括在定额项目内。

(18)定额中注有"×××以内"或者"×××以下"者,均包括×××本身;"×××以外"或者"×××以上"者,则不包括×××本身。

三、定额项目表

建设工程计价往往是根据《全国统一建筑工程基础定额》(GJD—101—95)确定的人工、材料和机械台班的消耗数量,结合地区的人工工资单价、材料预算价格和机械台班单价编制而成的,因此从某种意义上说,单位估价表具有地区统一定额的性质。

《重庆市建筑工程计价定额》(CQJZDE—2008)就是根据建设部颁布的1995年《全国统一建筑工程基础定额》(GJD—101—95),结合重庆地区具体情况编制出来的,因而说它只是重庆地区的单位估价表。

建筑工程计价定额一般由目录、总说明、建筑面积计算规则、各分部工程说明及工程量计算规则、分项工程项目表及有关附录组成。

在总说明中,概述了基价表的用途、编制依据、适用范围及有关问题的说明和使用方法等。

建筑面积计算规则规定了应计算建筑面积的范围、不计算建筑面积的范围和其他情况的处理方法三部分内容。

分部工程说明和工程量计算规则是基价表手册的重要部分,它介绍了分部工程所包含的主要项目、编制中定额已考虑的和没考虑的因素、使用的规定、特殊问题的处理方法和分项工程工程量计算规则等。

分项工程项目表中有工作内容、定额单位、各分项工程项目名称及所需消耗的人工、材料、机械台班的耗用量及预算价值、人材机单位等。

项目表中的工作内容因受表头形式的限制仅列出了主要工序的名称,但定额已考虑了完成分项工程的全部工序。

材料消耗量一般只列出主要建筑材料的消耗量,次要材料和零星材料均列入"其他材料费",以金额"元"为单位表示。

基价表中中小型施工机械一般不列出消耗指标,而直接以其他机械费表示。有些地区把中小型机械计入建筑安装工程费用的"工具用具使用费"项目内。

有些地区的基价表后还列有附注,说明基价表在编制时所考虑的因素、当设计规定与基价表规定不同时应如何进行调整及其他问题。

基价表附录主要包括人工工资单价,施工机械台班预算价格,混凝土、砂浆、保温材料配合比表,建筑材料名称、规格、重量及预算价格,定额材料损耗率表等。这些资料供定额换算和工料分析用,是使用基价表的重要补充资料。

基价表中,各子目工程的预算价值(定额基价)、人工、材料、机械台班消耗量与人工费、材料费、机械使用费之间的关系,可用下列公式表示:

$$预算价值(基价) = 人工费 + 材料费 + 机械费 \qquad (2-1)$$

式中 人工费 = 定额工日数 × 定额日工资单价

材料费 = $\sum$(定额材料消耗量 × 材料预算价格) + 其他材料费

机械费 = $\sum$(定额机械台班消耗量 × 机械台班单价)

基价表项目通常依据建筑结构及施工顺序排列,一般按分部(章)、节、项目、子目等顺序排列。

分部工程将单位工程中结构性质相似、材料大致相同的施工对象归到一起。一般分为土石方工程,基础工程,脚手架工程,砌筑工程,混凝土及钢筋混凝土工程,金属结构工程,木结构工程,楼地面工程,屋面工程,防腐、保温、隔热工程,装饰工程和其他工程等若干个分部工程。

分部工程以下,再按工程性质、工程内容、施工方法、材料使用等分成若干节。如现浇混凝土可分为基础、柱、梁、墙、板、其他构件等节。

节以下,再按工程性质、材料规格、材料类别等不同分为若干项目。如现浇柱可分为矩形柱、圆形柱及多边形柱、构造柱、框架薄壁柱等分项。

每个分项再以其技术特征不同分为若干子目。如矩形柱按混凝土强度等级不同可分为 C20、C25、C30、C35、C40、C45 等若干子目。

为查阅方便,基价表手册可按二符号法、三符号法或复合法进行编号。如砖基础可用编号"3 – 1""3 – 1 – 1""AC0023"等表示。

表2-1 摘自于《重庆市建筑工程计价定额》(CQJZDE—2008)。从表2-1 中可以看出,一定计量单位的分项工程基价是由人工费、材料费和机械费构成的,即:

$$基价 = 人工费 + 材料费 + 机械费 \qquad (2-2)$$

式中 人工费 = $\sum$(人工工日用量 × 人工日工资单价)

材料费 = $\sum$(各种材料消耗用量 × 材料预算价格)

机械费 = $\sum$(机械台班耗用量 × 机械台班单价)

【例2-1】 商品混凝土现浇矩形柱的基价(即每 $10\ m^3$ 的工程单价)分解如下:

人工费 = 13.21 工日 × 25 元/工日 = 330.25 元

材料费 = $(160 × 10.2 + 2 × 4.09 + 1.15)$元 = 1 641.33 元

机械费(无)

基价:人工费 + 材料费 + 机械费 = (330.25 + 1 641. 33 + 0.00)元/10 m³
= 1 971.58 元/10 m³

表 2-1　建筑工程基价表(摘录)

柱混凝土

工作内容:1. 自拌混凝土:搅拌混凝土、水平运输、浇捣、养护等。

2. 商品混凝土:浇捣、养护等。

计量单位:10 m³

定额编号				AF0001	AF0002	AF0003	AF0004
项目名称				矩形柱		圆(多边)形柱	
				自拌混凝土	商品混凝土	自拌混凝土	商品混凝土
基价(元)				2 258.62	1 971.58	2 277.85	1 986.81
其中	人工费(元)			541.00	330.25	560.75	346.00
	材料费(元)			1 658.45	1 641.33	1 657.93	1 640.81
	机械费(元)			59.17		59.17	
	编号	名称	单位	单价	消耗量		
人工	00010101	综合工日	工日	25.000	21.640	13.210	22.430	13.840
材料	80021504	混凝土 C30	m³	161.49	10.150		10.150	
	01020101	商品混凝土	m³	160.00		10.200		10.200
	36290101	水	m³	2.00	9.090	4.090	8.910	3.910
	75010101	其他材料费	元		1.150	1.150	0.989	0.989
机械	85060202	双锥反转出料混凝土搅拌机 350 L	台班	93.920	0.630		0.630	

任务二　建筑工程计价定额的应用

　　建筑工程基价表是编制施工图预算、确定和控制工程造价的主要依据,定额应用正确与否直接影响工程造价。为了熟练、正确运用预算定额编制施工图预算,首先要对预算定额的分部、节和项目的划分、总说明、建筑面积计算规则等有正确的理解并熟记,对常用的分项工程定额项目表中各栏所包括的工程内容、计量单位等,有一个全面的了解,从而达到正确使用定额的要求。

　　由于预算定额的内容与形式和基价表的内容与形式基本相同,所以将预算定额的应用和基价表的应用统称为预算定额的应用。

　　计价定额的使用方法,一般可以分为定额直接套用、定额换算和编制补充定额三种情况。

一、定额直接套用

在选择定额项目时,当工程项目的设计要求、材料规格、做法及技术特征与定额项目的工作内容与统一规定相一致时,可直接套用定额的基价、工料消耗量,计算该分项工程的直接工程费以及工料需用量。

套用定额包括直接使用定额项目中的基价、人工费、材料费、机械费、各种材料用量及各种机械台班耗用量。

当施工图的设计要求与定额的项目内容完全一致时,可以直接套用定额。

在编制单位工程施工图预算的过程中,大多数分项工程可以直接套用定额。套用定额时应注意以下几点:

(1)根据施工图、设计说明、标准图做法说明,选择定额项目。

(2)应从工程内容、计算特征和施工方法上仔细核对,才能准确地确定与施工图相对应的定额项目。

(3)施工图中分项工程的名称、内容和计量单位要与定额项目相一致。

【例2-2】 某工程使用商品混凝土现场浇注 C30 矩形柱 15.23 m³,试根据《重庆市建筑工程计价定额》(CQJZDE—2008)计算完成该分项工程的直接工程费及主要材料消耗量。

解 根据工程内容确定定额编号为 AF0002(见表 2-1 现浇混凝土)。

计算直接工程费:1 971.58 × 15.23/10 = 3 002.72(元)

其中:人工费 = 330.25 × 15.23/10 = 502.97(元)

材料费 = 1 641.33 × 15.23/10 = 2 499.75(元)

机械费 = 0.00 × 15.23/10 = 0.00(元)

计算主要材料消耗量:

商品混凝土 C30:10.2 × 15.23/10 = 15.535(m³)

水:4.09 × 15.23/10 = 6.229(m³)

在实际编制预算时,套用定额是在"建筑工程预(结)算表"上进行的。

【例2-3】 某建筑工地从预制场运进预应力空心板,工地距预制场 8 km,共需运规格 YKB3606 – 4 的预制板 120 m³。试按重庆市基价表计算运输直接工程费用。

解 YKB3606 – 4 的预制板按定额规定为 Ⅱ 类构件,用于计算 Ⅱ 类构件运输定额子目有两条 IE0521、IE0522,现摘录于表 2-2。

表 2-2 混凝土构件运输

工作内容:(略)   计量单位:10 m³

定额编号	IE0521	IE0522
项目名称	Ⅱ类构件汽车运输	
	1 km 以内	每增加 1 km
基价	568.59	30.11

第一步,据 IE0521 计算 1 km 以内 120 m³ 的运输费用:

568.59 元 × 120 m³/10 m³ = 6 823.08(元)

第二步,据 IE0522 计算余下 7 km 的运输费用:

$$30.11 \text{ 元} \times 120/10 \times 7 = 2\,529.24(\text{元})$$

第三步,计算运输总费用:

$$6\,823.08 \text{ 元} + 2\,529.24 \text{ 元} = 9\,352.32 \text{ 元}$$

也可以这样计算:IE0521 + 7 × IE0522

即　　$(568.59 + 30.11 \times 7) \text{ 元} \times 120/10 = 779.36 \text{ 元} \times 12 = 9\,352.32 \text{ 元}$

【例 2-4】　试确定 M5 水泥砂浆 240 砖基础定额基价。

解　查基价表手册—基础工程—砖石基础—240 砖基础—AC0023

经查证,设计要求与定额项目内容完全一致,见表 2-3,可直接套用定额。

定额基价 = $(304.50 + 1\,186.67 + 22.42) \text{ 元}/10 \text{ m}^3 = 1\,513.59 \text{ 元}/10 \text{ m}^3$

其中材料用量:标准砖　　　　5.236 千块/10 m³

　　　　　　　M5 水泥砂浆　2.36 m³/10 m³

　　　　　　　水　　　　　　1.05 m³/10 m³

本例若已知砖基础的工程量为 800 m³,则其定额直接费为:

定额直接费 = $800 \text{ m}^3 \div 10 \times 1\,513.59 \text{ 元}/10 \text{ m}^3 = 121\,087.20 \text{ 元}$

表 2-3　建筑工程基价表(摘录)

砖石基础

工作内容:调运砂浆、铺砂浆、清理基槽坑、运砖、砖砌等。　　　　　　　　　　　计量单位 10 m³

定额编号					AC0023	AC0024	AC0025	AC0026
项目名称					240 砖	200 砖	块(片)石	毛条石
					水泥砂浆 M5			
基价(元)					1 513.59	1 610.41	886.21	1 104.91
其中		人工费(元)			304.50	335.00	275.25	427.50
		材料费(元)			1 186.67	1 251.84	573.02	664.19
		机械费(元)			22.42	23.57	37.94	13.22
	编号	名称	单位	单价	消耗量			
人工	00010101	综合当日	工日	25.00	12.180	13.400	11.010	17.100
材料	81010102	水泥砂浆 M5	m³	102.58	2.360	2.410	3.930	1.390
	05040101	标准砖 240×115×53	千块	180.00	5.236			
	05040102	标准砖 200×95×53	千块	130.00		7.710		
	05030401	块(片)石	m³	15.00			11.220	
	05030101	石毛条	m³	50.00				10.400
	36290101	水	m³	2.00	1.050	1.160	0.790	0.800
机械	85060501	灰浆搅拌机 200 L	台班	57.49	0.390	0.410	0.660	0.230

需要注意的是,在基价表的直接套用中,还应包括定额规定不允许调整的分项工程。也就是分项工程设计与定额内容不完全相同,但是定额规定不允许调整,则还应该直接套用定额,而不能对定额做任何的调整来适用分部工程设计。例如定额砌筑工程说明第一条规定:本部分石材和空心砌块、轻质砌块,是按常用规格编制的,规格不同时不做调整。楼地面工程说明第一条中规定:整体面层、块料面层的结合层及找平层的砂浆厚度不得换算。

因此,在定额的使用中,不应想当然地以分项工程设计来调整定额。定额是否允许调整,是以定额的规定为标准的。

二、定额换算

当施工图的分项工程项目设计要求与定额的内容和使用条件不全一致时,为了能计算出符合设计要求的直接费和工料消耗量,必须根据定额的有关规定进行换算。这种使定额的内容适应设计要求的差异调整便是定额换算。经过换算的子目定额编号应在尾部加一"换"字。

基价表换算的基本思路是:根据选定的定额基价,按规定换入增加的费用,换出应扣除的费用,即

$$换算后的定额基价 = 原定额基价 + 换入的费用 - 换出的费用 \qquad (2\text{-}3)$$

(一)换算原则

为了保持定额的水平,在定额中规定了换算的原则。这些原则一般包括:

(1)当砂浆、混凝土强度等级与定额相对应项目不同时,允许按"混凝土及砂浆配合比表"进行换算,但配合比表中规定的各种材料用量不得调整。

(2)定额中的抹灰、楼地面等项目已考虑了常用厚度,厚度一般不作调整。当设计有特殊要求时,定额工料消耗可以按比例换算。

(3)是否可以换算,怎样换算,必须按定额中的规定执行。

(二)换算类型

基价表换算的类型主要有乘系数的换算,砂浆、混凝土强度等级和配合比的换算,木门窗木材断面的换算和其他换算。

1. 基价表乘系数的换算

乘系数换算是指用定额说明中规定的系数乘以相应定额基价(或人工费、材料费、材料用量、机械费)的一种换算。这类换算是根据定额的分部说明或附注规定,对定额基价或部分内容乘以规定的换算系数,从而得出新的定额基价。在换算时应注意,定额规定的调整系数中,已包含定额本身的内容,所以在计算调整值时,应以调整系数减1。其换算公式为

$$换算后基价 = 定额基价 \times 调整系数 \qquad (2\text{-}4)$$

或
$$换算后基价 = 定额基价 + \sum 调整部分金额 \times (调整系数 - 1) \qquad (2\text{-}5)$$

【例2-5】 某工程平基,施工组织设计规定采用机械开挖土方,在机械不能施工的边角地带需用人工开挖湿土121 m³。试计算人工开挖部分的基价直接费。

解 第一步,查计价定额AA0001:

基价 840.84 元/100 m³

其中人工费为 840.84 元/100 m³（即基价全部为人工费,这是人工土石方工程的特点）。

第二步,计算开挖湿土 121 m³ 的基价直接费:

按土石方工程分部的说明:人工土石方项目是按干土编制的,当挖湿土时,人工乘以系数 1.18。机械不能施工的土石方部分(如死角等),按相应的人工乘以系数 1.5。则所求基价直接费应为

$$840.84 \times 121/100 \times 1.18 \times 1.5 = 1\ 800.83(元)$$

【例 2-6】 试确定 M5 混合砂浆一砖弧形墙的定额基价。

解 查定额手册—砌筑工程—砖墙—AE0001,见表 2-4。

由砌筑工程说明一中第三条规定知:砌弧形墙对应按相应项目人工乘以系数 1.2。

换算后基价 = 原基价 + 人工费 × (系数 − 1)

换算后基价 = [1 606.71 + 396.75 × (1.2 − 1)]元/10 m³

= 1 686.06 元/10 m³

表 2-4 建筑工程基价表(摘录)

砖墙

工作内容:1. 调运砂浆、铺砂浆。

2. 运砖。

3. 砌砖包括窗台虎头转、腰线、门头套。

4. 安放木砖铁件等。

计量单位:10 m³

定额编号			AE0001	AE0002	AE0003	AE0004	AE0005	AE0006
项目名称			240 砖墙		120 砖墙		180 砖墙	
			混合砂浆	水泥砂浆	混合砂浆	水泥砂浆	混合砂浆	水泥砂浆
			M5					
基价(元)			1 606.71	1 616.88	1 731.60	1 740.14	1 714.29	1 723.62
其中	人工费(元)		396.75	396.75	503.50	503.50	491.00	491.00
	材料费(元)		1 187.54	1 197.71	1 209.13	1 217.67	1 203.17	1 212.50
	机械费(元)		22.42	22.42	18.97	18.97	20.12	20.12
编号	名称	单位	单价	消耗量				
人工 00010101	综合工日	工日	25.00	15.870	15.870	20.140	20.140	19.640	19.640
材料 81010202	水泥砂浆 M5	m³	98.20	2.320		1.950		2.130	
81010102	水泥砂浆 M5	m³	102.58		2.320		1.950		2.130
05040101	标准砖 240×115×53	千块	180.00	5.320	5.320	5.641	5.641	5.510	5.510
36290101	水	m³	2.00	2.00	1.060	1.060	1.130	1.100	1.100
机械 85060501	灰浆搅拌机 200 L	台班	57.49	0.390	0.390	0.330	0.330	0.350	0.350

【例2-7】 试确定基坑开挖(湿土、挖深6.7 m)的定额基价。

解 查定额手册—土石方工程—人工土石方—AA0010,见表2-5。

根据土石方工程说明二中第1条规定:挖基坑如挖湿土时,按相应项目人工乘以系数1.18。

$$换算后基价 = 原基价 \times 调整系数$$
$$= 2\,596.44\ 元/100\ m^3 \times 1.18$$
$$= 3\,063.80\ 元/100\ m^3$$

表2-5 建筑工程基价表(摘录)

1. 工作内容:人工挖坑土方,将土置于基坑1 m以外5 m以内自然堆放。
2. 基坑底土方是夯实。 计量单位:100 m³

定额编号			AA0007	AA0008	AA0009	AA0010
项目名称			人工挖基坑土方(深度在 m 以内)			
			2	4	6	8
基价(元)			1 659.46	1 927.20	2 161.06	2 596.44
其中		人工费(元)	1 659.46	1 927.20	2 161.06	2 596.44
		材料费(元)				
		机械费(元)				
编号		名称	单位	单价	消耗量	
人工	00010201	土石方综合项目	工日	22.00	75.430	87.600	98.230	118.02

2. 砂浆、混凝土强度等级、配合比换算

当工程项目中设计的砂浆、混凝土强度等级、抹灰砂浆及保温材料配合比与定额项目的规定不相符时,可根据定额总说明或分部工程说明进行相应的换算。在进行换算时,应遵循两种材料交换、定额含量不变的原则。其换算公式为:

$$换算后基价 = 原基价 + (换入单价 - 换出单价) \times 定额材料用量 \qquad (2-6)$$

1)混凝土换算

混凝土的换算分两种情况,一是构件混凝土的换算,二是楼地面混凝土的换算。

(1)构件混凝土的换算。

其特点是由于混凝土用量不变,所以人工费、机械费不变,只换算混凝土强度等级、品种和石子粒径。计算公式如下:

$$换算价格 = 定额基价 + (换入混凝土单价 - 换出混凝土单价) \times 定额混凝土用量 \qquad (2-7)$$

【例2-8】 某工程框架薄壁柱,设计为C35混凝土,而计价定额为C30混凝土,试确定框架薄壁柱的单价及单位材料用量。

解 第一步,查计价定额,确定定额基价和定额用量:

本例应使用的定额编号是AF0006,定额基价为1 977.73 元/10 m³,商品混凝土定额用量为10.20 m³/10 m³。

第二步,查"混凝土及砂浆配合比表",确定换入、换出混凝土的单价:

本例为(塑、特、碎 5 – 31.5、坍 35 – 50)型混凝土,相应的混凝土单价是:

C30 混凝土:161.49 元/m³

C35 混凝土:167.74 元/m³。

第三步,计算换算后单价:

1 977.73 元/10 m³ + (167.74 – 161.49) × 10.2 m³/10 m³ = 2 041.48 元/10 m³

第四步,计算换算后材料用量:

42.5 水泥	436.00 × 10.2 kg/10 m³ = 4 447.20 kg/10 m³
特细砂	0.419 × 10.2 m³/10 m³ = 4.274 m³/10 m³
碎石 5 – 31.5	1.391 × 10.2 t/10 m³ = 14.188 t/10 m³
水	0.205 × 10.2 m³/10 m³ = 2.091 m³/10 m³

经过换算的定额,编制预算时,应在定额的前或后加上"(换)"字样,以表示本条定额是换算而来。从某种意义上讲,换算过的定额子目相当于一条新定额子目。如上例的换算结果是产生一条新的定额子目:(换)AF0006,其相应内容是:

定额编号	(换)AF0006
定额内容	用 C35 混凝土浇筑框架薄壁柱
定额基价	2 041.48 元/10 m³
材料用量	(略)

【例2-9】 试确定 C20(塑、特、碎 5 – 20、坍 35 – 50)自拌混凝土现浇零星构建的定额基价。

解 查定额手册—混凝土及钢筋混凝土工程—其他现浇构建混凝土—AF0047(见表2-6),因混凝土强度等级与设计规定不同,因此应按总说明第十条的规定进行换算。查定额附表知 C20(塑、特、碎 5 – 20、坍 35 – 50)、C30(塑、特、碎 5 – 20、坍 35 – 50)混凝土的单价分别为 133.52 元/10 m³、163.67 元/10 m³。

$$换算后基价 = [2\ 645.95 + (133.52 – 163.67) × 10.15] 元/10\ m³$$
$$= 2\ 339.93\ 元/10\ m³$$

表2-6 建筑工程基价表(摘录)

工作内容:1. 自拌混凝土:搅拌混凝土、水平运输、浇捣、养护等。

2. 商品混凝土:浇捣、养护等。

计量单位:10 m³

定额编号				AF0045	AF0046	AF0047	AF0048
项目名称				天沟(挑檐)		零星构件	
				自拌混凝土	商品混凝土	自拌混凝土	商品混凝土
基价(元)				2 425.17	2 054.00	2 645.95	2 210.02
其中	人工费(元)			622.00	395.00	775.00	519.50
	材料费(元)			1 709.25	1 670.00	1 774.53	1 690.52
	机械费(元)			93.92		93.92	
	编号	名称	单位	单价	消耗量		
人工	00010101	综合工日	工日	25.00	24.880	15.800	31.100	20.780

续表 2-6

编号	名称	单位	单价	消耗量			
材料 80021404	混凝土 C30(塑、特、碎 5 – 20、坍 55 – 70)	m³	163.67	10.150			
80022104	混凝土 C30(塑、特、碎 5 – 20、坍 55 – 70)	m³	168.08			10.15	
01020101	商品混凝土	m³	160.00		10.200		10.200
36290101	水	m³	2.00	14.200	9.200	17.820	12.820
75010101	其他材料费	元		19.596	19.596	32.879	32.879
机械 85060202	双锥反转出料混凝土搅拌机 350 L	台班	93.92	1.000		1.000	

(2)楼地面混凝土的换算。

当楼地面混凝土的厚度、强度设计要求与定额规定不同时,应进行混凝土面层厚度及强度的换算。有时,还需考虑碎石粒径的规格变化。

【例 2-10】 某住宅楼地面,设计为 C15 混凝土面层,厚度为 6 cm(无筋),试计算该分项工程的预算价格及单位材料消耗量。

解 第一步,查定额,确定定额基价和混凝土用量:

基价 (1 572.03 – 170.11 × 2)元/100 m² = 1 231.81 元/100 m²

混凝土用量 (8.08 – 1.01 × 2)m³/100 m² = 6.06 m³/100 m²

第二步,查"混凝土及砂浆配合比表",确定混凝土(低、特、碎 5 – 40)单价:

C15 混凝土 111.14 元/m³

C20 混凝土 122.33 元/m³

第三步,计算换算后单价:

1 231.81 + (111.14 – 122.33) × 6.06 元/100 m² = 1 164.00 元/100m²

第四步,计算换算后材料用量(每 100 m²):

32.5 水泥 598.62 kg(不变)

42.5 水泥 310.00 × 6.06 kg = 1 878.60 kg

特细砂 0.541 × 6.06 t = 3.278 t

碎石 5 – 40 1.397 × 6.06 t = 8.466 t

2)砂浆的换算

砂浆的换算也分两种情况,一是砌筑砂浆的换算,二是抹灰砂浆的换算。

(1)砌筑砂浆换算。

砌筑砂浆的换算与构件混凝土换算相类似,其换算公式如下:

换算价格 = 原定额价格 + (换入砂浆单价 – 换出砂浆单价)× 定额砂浆用量

【例 2-11】 某工程空花墙,设计要求用普通砖,M7.5 水泥砂浆。试计算该分项工程预算价格及主材消耗量。

解 本例设计采用 M7.5 水泥砂浆,而计价定额相应子目却是采用 M5 水泥砂浆,定额规定与设计内容不符,故应换算。

第一步,查定额 AE0017:

基价	1 326.76 元/10 m³
砂浆用量	1.18 m³/10 m³

第二步,查"混凝土及砂浆配合比表":

M5.0 水泥砂浆单价 102.58 元/m³

M7.5 水泥砂浆单价 118.41 元/m³

第三步,计算换算后预算单价:

$1\ 326.76 + (118.41 - 102.58) \times 1.18 = 1\ 345.44$(元/10 m³)

第四步,计算换算后材料用量:

标准砖 4.02 千块

32.5 水泥 385×1.18 kg = 454.30 kg

特细砂 1.259×1.18 t = 1.486 t

(2)抹灰砂浆的换算。

抹灰砂浆的换算有两种情况:第一种情况,抹灰厚度不变只是砂浆配合比变化,此时只调整材料费、原料用量,人工费不做调整;第二种情况,抹灰厚度与定额规定不同时,人工费、材料费、机械费和材料用量都要进行换算。

《重庆市建筑工程计价定额》(**CQJZDE—2008**)装饰部分说明规定:本章中的砂浆种类、配合比,如与设计规定不同,可以调整,人工、机械不变。

适应这种换算的公式如下:

$$换算价格 = 定额基价 + \sum [(换入砂浆用量 \times 换入砂浆单价) -$$
$$(换出砂浆用量 \times 换出砂浆单价)] \qquad (2-8)$$

式中 换入砂浆用量 = 定额用量/定额厚度×设计厚度

换出砂浆用量 = 定额规定砂浆用量

【例2-12】 某实验室内独立异形砖柱面抹水泥砂浆,设计要求:底层 1:2.5 水泥砂浆(定额规定 1:3);面层 1:2 水泥砂浆(定额规定 1:2.5)。试计算其预算价格。

解 第一步,查计价定额 AL0008:

基价	1 051.15 元/100 m²
底层 1:3 水泥砂浆	1.55 m³/100 m²
面层 1:2.5 水泥砂浆	0.67 m³/100 m²

第二步,查"混凝土及砂浆配合比表",每立方米各种水泥砂浆的单价如下:

1:2 水泥砂浆 174.27 元/m³

1:2.5 水泥砂浆 153.08 元/m³

1:3 水泥砂浆 137.09 元/m³

第三步,计算换算后的基价:

1 051.15 元/100 m² + [(153.08 - 137.09) × 1.55] 元/100 m² + [(174.27 - 153.08) ×

$0.67]$ 元$/100 \text{ m}^2$

$$= 1\ 090.13\ \text{元}/100\ \text{m}^2$$

第四步,计算换算后各种主材消耗量:

32.5 水泥　　　$(479.00 \times 1.55 + 570.00 \times 0.67)\text{kg} = 1\ 124.35\ \text{kg}$

特细砂　　　　$1.305 \times 1.55 + 1.243 \times 0.67 = 2.856(\text{t})$

【例2-13】　试确定 M7.5 混合砂浆砖砌台阶的定额基价。

解　查定额手册—砌砖工程—其他—AE0033

从 AE0033 子目(见表2-7)中查出:该子目是以 M5 混合砂浆编制的,而设计为 M7.5 混合砂浆,与定额不同。根据砌筑工程说明一中第 2 条的规定:砌筑砂浆单价分别为 98.20 元$/\text{m}^3$、108.65 元$/\text{m}^3$,则

$$换算后基价 = [395.70 + (108.65 - 98.20) \times 0.55] 元/10\ \text{m}^3$$

$$= 401.45\ 元/10\ \text{m}^3$$

表 2-7　建筑工程基价表(摘录)

工作内容:调运砂浆,砂浆,运转,砌砖。　　　　　　　　　　　　　　　　　　　　　　计量单位:10 m³

	定额编号			AE0033	AE0034	AE0035	AE0036	AE0037
	项目名称			砖砌台阶		砖砌化粪池	砖砌检查井	砖地沟
				混合砂浆	水泥砂浆			
					M5			
	单位			10 m³	10 m³	10 m³	10 m³	10 m³
	基价(元)			395.70	398.11	1 595.95	1 716.23	1 540.15
其中	人工费(元)			121.50	121.50	330.50	477.25	311.00
	材料费(元)			269.03	271.44	1 205.45	1 205.45	1 207.30
	机械费(元)			5.17	5.17	23.00	22.42	21.85
	编号	名称	单位	单价	消耗量			
人工	00010101	综合工日	工日	25.00	4.860	4.860	13.220	19.090	12.440
材料	81010202	水泥砂浆 M5	m³	98.20	0.550				
	81010102	水泥砂浆 M5	m³	102.58		0.550	2.390	2.310	2.280
	05040101	标准砖 240×115×53	千块	180.00	1.192	1.192	5.323	5.430	5.396
	36290101	水	m³	2.00	0.230	0.230	1.070	1.100	1.070
机械	85060501	灰浆搅拌机 200 L	台班	57.49	0.090	0.090	0.400	0.390	0.380

【例2-14】　试确定 1∶1∶4 混合砂浆粉砖墙面的定额基价。

解　查定额手册—装饰工程—墙、柱面抹灰—混合砂浆—AL0012(见表2-8)。

根据装饰工程说明—第1条的规定:本分部抹灰项目中的砂浆种类、配合比,如设计规定不同时可以调整,人工、机械不变。查定额附表和表2-8得:1:1:4和1:1:6及1:0.5:2.5混合砂浆的单价为131.11元/m³、107.62元/m³、157.60元/m³。

　　换算后基价 = 654.39 + (131.11 − 107.62) × 1.62 + (131.11 − 157.60) × 0.69

　　　　　　　 = 674.17元/100 m²

表2-8　建筑工程基价表(摘录)

工作内容:1.清理、湿润基层,墙眼堵塞、调整砂浆。
　　　　2.分层抹灰找平、洒水湿润、罩面压光。　　　　　　　　　　　　　　计算单位:100 m²

定额编号				AL0012	AL0013	AL0014	AL0015	AL0016
项目名称				墙面墙裙				
				砖墙	混凝土墙	钢板网墙	轻质墙	块(片)石
基价(元)				654.39	825.69	687.66	913.60	654.39
其中	人工费(元)			343.25	457.50	376.50	343.25	467.50
	材料费(元)			288.72	342.32	288.74	288.72	412.76
	机械费(元)			22.42	25.87	22.42	22.42	33.34
	编号	名称	单位	单价	消耗量			
人工	00010101	综合工日	工日	25.00	13.730	18.330	15.060	13.730	18.700
材料	81020208	混合砂浆 1:1:6	m³	107.62	1.620	1.620	1.620	1.620	2.770
	81020214	混合砂浆 1:0.5:2.5	m³	157.60	0.690	0.690	0.690	0.690	0.690
	81020104	水泥砂浆 1:2.5	m³		0.350				
	02020101	锯材	m³	0.005	0.005	0.005	0.005	0.005	0.005
	36290101	水	m³	2.00	0.690	0.700	0.700	0.690	0.830
机械	85060501	灰浆搅拌机 200 L	台班	57.49	0.390	0.450	0.390	0.390	0.580

　　3.木门窗木材断面的换算

　　基价表中各类木门窗的框扇、亮子、纱扇等木材耗用量是以一定断面去定的。例如,镶板门、胶合板门门框断面以52 cm²为准;半截玻璃门、全玻璃门门框断面以58 cm²为准;单层玻璃窗窗宽以52 cm²为准等。而在实际中设计断面往往与定额不符,这就使得其木材耗用量与定额含量取得一定的差距,因而必须换算。

　　门窗、木结构工程说明中规定:木门窗项目中所注明的框断面均以边框毛断面为准,框裁口加钉条时,应加钉条的断面。当设计框断面与实际计算断面不同时,以每增减10 cm²按表2-9增减材积。

表 2-9　木材材积增减表

项目	门	门带窗	窗
锯材(干)(m³)	0.3	0.32	0.4

基价项目中所注明的木材断面或厚度均以毛断面为准。当设计图纸注明的断面或厚度为净料时,应增加抛光损耗;板、枋材一面抛光增加 3 mm,两面抛光增加 5 mm;原木每立方体积增加 0.05 m³。则

$$设计毛断面面积 = (设计断面净长 + 抛光损耗) \times (设计断面净宽 + 抛光损耗) \quad (2-9)$$
$$换算后基价 = 原基价 + 材料费调整值 \quad (2-10)$$

【例 2-15】　某工程全板胶合板门门框设计净断面尺寸为 55 mm×95 mm,试确定其定额基价。

解　查定额手册—门窗、木结构工程—门窗—木门制作—AH0004。

$$设计毛断面面积 = (5.5 + 0.3) \times (9.5 + 0.5) = 58.00(cm^2)$$

注意:框应按三面抛光,靠墙面不需要抛光。

应按表 2-9 增加材积 0.3 m³。

$$换算后基价 = 7\ 137.19 + 0.3 \times 850.00 = 7\ 392.19(元/100\ m^2)$$

4. 其他换算

其他换算是指前面几种换算类型未包括的但又需进行的换算。这些换算较多、较杂,仅举例说明其换算过程。

【例 2-16】　某平面防潮层工程,设计采用抹一层防水砂浆的做法。要求用 1:2 水泥砂浆加 8% 的防水粉,试计算该分项工程的预算基价。

解　第一步,查计价定额:

基价　　　　　705.57 元/100 m²

1:2 水泥砂浆　2.04 m³/100 m²(每立方米 1:2 水泥砂浆消耗 32.5 水泥 570 kg)。

第二步,确定换算材料(防水粉)用量及单价:

定额用量　　　55.00 kg(即换出量)

设计用量　　　570 kg×2.04×0.08=93.024 kg(即换入量)

防水粉单价　　1.29 元/kg

第三步,计算换算单价:

$$705.57 + (93.024 - 55.00) \times 1.29 = 754.62\ 元/100\ m^2$$

尽管我们叙述了多种不同的换算,但它们的基本思路是一致的,这一思路可表达为下式:

$$换算后的定额基价 = 原定额基价 + 换入的费用 - 换出的费用 \quad (2-11)$$

【例 2-17】　试确定空心板安装及接头灌缝的定额计价。

解　查定额手册—混凝土及钢筋混凝土工程—预构件安装,接头灌缝—AF0270(见表 2-10)。

由于该子目包括堵孔的人工、材料,应根据混凝土工程说明七第 4 条规定:不堵孔时,应扣除项目中堵孔材料和堵孔用工每 10 m³ 空心板 2.2 工日。

$$应扣除堵孔材料费 = 0.23 \times 60.00 = 13.80(元/10\ m^3)$$

$$应扣除堵孔人工费 = 2.2 \times 25 = 55.00（元/10 \ m^3）$$

$$换算后基价 = 原基价 - 应扣除项目费用$$

$$= (584.80 - 13.80 - 55.00) 元/10 \ m^3$$

$$= 516.00 \ 元/10 \ m^3$$

表 2-10　建筑工程基价表（摘录）

工作内容：1. 构件翻身、加固、安装、校正、垫实结点、焊接或紧固螺丝。

2. 混凝土水平运输。

3. 混凝土搅拌、捣固、养护。

计量单位：10 m³

定额编号				AF0269	AF0270	AF0271	AF0272	AF0273
项目名称				天沟板	空心板	平板	楼梯踏步（包括楼梯平台）	小型构件
基价				1 230.74	584.80	1 177.21	612.96	747.86
其中	人工费（元）			409.50	307.50	512.00	294.00	301.75
	材料费（元）			347.52	261.84	592.88	143.36	400.07
	机械费（元）			473.72	15.46	72.33	175.60	46.04
	编号	名称	单位	单价	消耗量			
人工	00010101	综合工日	工日	25.00	16.380	12.300	20.480	11.760	12.070
材料	80021304	混凝土 C30（S 塑,特碎 5 - 10,坍 35 - 50）	m³	168.19	1.030	0.540	0.620	0.160	0.920
	81020103	水泥砂浆 1:2	m³	174.27	0.010	0.320	0.670	0.120	0.230
	01050202	预制混凝土块	m³	60.00		0.230			
	02020101	锯材	m³	850.00	0.029	0.045	0.207	0.015	0.082
	08041101	垫铁	kg	4.00	16.600		19.530	13.610	7.930
	09010201	电焊条	kg	6.30	6.530	0.200	6.010	4.190	4.590
材料	36290101	水	m³	2.000	1.270	1.930	1.590	0.360	0.940
	75010101	其他材料费	无		37.817	58.080	76.729	1.230	73.037
机械	85030202	履带式起重机 15 t	台班	501.64				0.083	
	85030204	履带式起重机 25 t	台班	547.79	0.379				
	85030303	轮胎式起重机 20 t	台班	827.23	0.191			0.025	
	85040106	载重汽车 6 t	台班	265.39	0.010	0.010	0.020		0.010
	85060202	双锥反转出料混凝土搅拌机 350 L	台班	93.92	0.190	0.054	0.050	0.020	0.060
	85060501	灰浆搅拌机 200 L	台班	57.49	0.010	0.030	0.110	0.020	0.040
	85070601	木工圆锯机 φ500	台班	21.45	0.250	0.180	0.450		0.150
	85090102	交流弧焊机 332 kV·A	台班	71.64	1.140	0.030	0.647	1.539	0.450

【例2-18】 试确定人工运土方80 m的定额基价。

解 查定额手册—土石方工程—人工土石方—人力运土方、淤泥、流砂—AA0011，AA0012，见表2-11。其中AA0012为辅助子目。

基本运距20 m增加辅助子目运距个数为(80 − 20) ÷ 20 = 3

换算后基价 = (546.70 + 3 × 162.80)元/100 m³ = 1 035.10 元/100 m³

表2-11　建筑工程基价表
人工运土方、淤泥、流砂

工作内容：装、运、卸土(淤泥、流砂)及平整。　　　　　　　　　　　　计量单位：100 m³

定额编号			AA0011	AA0012	AA0013	AA0014	AA0015	AA0016
项目名称			人工运土方		人工运淤泥，流砂		单(双)轮车运土	
			运距20 m以内	每增加20 m	运距20 m以内	每增加20 m	运距50 m以内	每增加50 m
基价			546.70	162.80	797.28	256.30	430.76	88.88
其中	人工费(元)		546.70	162.80	797.28	256.30	430.76	88.88
	材料费(元)							
	机械费(元)							
编号	名称	单位	单价	消耗量				
人工　00010201	土石方综合工日	工日	22.00	24.850	7.400	36.240	11.650	19.580	4.040

三、编制补充定额

当分项工程的设计要求与定额规定完全不相符，或者设计采用新结构、新材料、新工艺，在定额中没有这类项目，属于定额缺项时，应编制补充预算定额。

编制补充定额的方法大致有两种：一种是按预算定额通常的编制方法，先计算人工、材料和机械台班消耗量，再乘以人工工资单价、材料预算价格、台班单价，得出人工费、材料费、机械费，最后汇总出预算基价；另一种是人工、机械台班消耗量套用相似的定额项目，而材料耗用量按施工图纸进行计算或实际测定。

补充定额的编号要注明"补"，如"补 IK0368"。

补充定额常常是一次性的，即编制出来仅为特定的项目使用一次。如果补充预算定额是多次使用的，一般要报有关主管部门审批，或与建设单位进行协商，经同意后再列入工程预算正式使用。

补充定额的编制方法有以下几种。

（一）定额代用法

定额代用法是利用定额相似、材料大致相同、施工图方法又很接近的定额项目，并估算出适当的系数进行调整。采用此类方法编制补充定额一定要在施工实践中进行观察和测定，以便调整系数，保证定额的精确性，也为以后新编定额、补充定额项目做准备。

（二）定额组合法

定额组合法就是尽量利用现行定额进行组合。因为一个新定额项目所包含的工艺和消耗往往是现有定额项目的变形与演变。新老定额之间有很多的联系,要从中发现这些联系,在补充制定新定额项目时,直接利用现行定额内容的一部分或全部,也可以达到事半功倍的效果。

(三)计算补充法

计算补充法就是按照定额编制的方法进行计算补充,是最精确的定额编制补充方法。材料用量按照图纸的构造做法及相应的计算公式计算,并加入规定的损耗率;人工及机械台班使用量可以按劳动定额、机械台班定额计算。

任务三　定额模式下的造价构成及计价程序

按我国现行规定,建设项目从筹建到竣工验收、交付使用所需的费用包括建筑安装工程费用、设备及工器具购置费用、工程建设其他费用、预备费,建设期间贷款利息、固定资产投资方向调节税等部分。

按住房和城乡建设部、财政部建标〔2013〕44 号《关于印发〈建筑安装工程费用项目组成〉的通知》的规定,建筑安装工程费用项目可按费用构成要素组成划分;另外,为指导工程造价专业人员计算建筑安装工程造价,也可将建筑安装工程费用按工程造价形成顺序划分。

一、建筑工程费用构成

《重庆市建设工程费用定额》(CQFYDE—2008)规定建筑安装工程费由直接费、间接费、利润和税金组成,见表2-12。

表 2-12　建筑工程安装工程费用项目组成

				人工费
建筑安装工程费	直接费	直接工程费		人工费
				材料费
				施工机械使用费
		措施费	技术措施费	大型机械设备进出场及安拆费
				混凝土、钢筋混凝土模板及支架费
				脚手架费
				施工排水及降水费
				专业工程专用措施费
			组织措施费	环境保护费
				临时设施费
				夜间施工费
				冬雨季施工增加费
				二次搬运费
				包干费
				已完工程及设备保护费
				工程定位复测、点交及场地清理费
				材料检验试验费

续表 2-12

建筑安装工程费	间接费	企业管理费	管理人员工资	
			办公费	
			差旅交通费	
			固定资产使用费	
			工具用具使用费	
			劳动保险费	
			工会经费	
			职工教育经费	
			财产保险费	
			财务费	
			税金	
			其他	
	规费	社会保障费	职工养老保险	
			职工职业保险	
			职工医疗保险	
		住房公积金		
		危险作业意外伤害保险		
		工程排污费		
	利润			
	安全文明施工专项费			
	工程定额测定费			
	税金	营业税		
		城市建设维护税		
		教育费附加		

注:1. 技术措施费是指能够套用《重庆市建筑工程计价定额》(CQJZDE—2008)计算的措施项目费;组织措施费是指以费率形式计算的措施项目费。

　　2. 本表措施费项目只列出各专业工程通用措施项目,各专业工程专用措施项目应根据各专业工程实际情况确定,有关内容见表2-13。

建筑安装工程费内容如下。

(一)直接费

直接费由直接工程费和措施费组成。

1. 直接工程费

直接工程费是指施工过程中耗费的构成工程实体的各项费用,包括人工费、材料费、施工机械使用费。

表 2-13　专业工程专用措施费

序号	项目名称
	建筑工程
1	垂直运输机械
	装饰工程
1	垂直运输机械
2	室内空气污染测试
	安装工程
1	组装平台
2	设备、管道施工的安全、防冻和焊接保护措施
3	压力容器和高压管道的检验
4	焦炉施工大棚
5	焦炉烘炉、热态工程
6	管道安装后的充气保护措施
7	隧道内施工的通风、供水、供气、供电、照明及通信设施
8	现场施工围栏
9	长输管道临时水工保护措施
10	长输管道施工便道
11	长输管道跨越或穿越施工措施
12	长输管道地下穿越地上建筑物的保护措施
13	长输管道工程施工队伍调遣
14	格架式抱杆
	市政工程
1	围堰
2	筑岛
3	现场施工围栏
4	便道
5	便桥
6	洞内施工的通风、供水、供气、供电、照明及通信设施
7	驳岸块石清理

注:表内未包括的专项措施费可另行补充。

　　(1)人工费:是指直接从事建筑安装工程施工的生产工人开支的各项费用,包括以下内容:

①基本工资:是指发放给生产工人的基本工资。

②工资性补贴:是指按规定标准发放的物价补贴,煤、燃气补贴,交通补贴,住房补贴,流动施工津贴等。

③生产工人辅助工资:是指生产工人有效施工天数以外非作业天数的工资,包括职工学习、培训期间的工资,调动工作、探亲、休假期间的工资,因气候影响的停工工资,女职工哺乳时间的工资,病假在六个月以内的工资及产、婚、丧假期间的工资。

④职工福利费:是指按规定标准计提的职工福利费。

⑤生产工人劳动保护费:是指按规定标准发放的劳动保护用品的购置费及修理费、职工服装补贴、防暑降温费、在有碍身体健康环境中施工的保健费用等。

(2)材料费:是指施工过程中耗费的构成工程实体的原材料、辅助材料构配件、零件、半成品的费用。包括以下内容:

①材料原价(或供应价格)。

②材料运杂费:是指材料自来源地运至工地仓库或指定堆放地点所发生的全部费用。

③运输损耗费:是指材料在运输装卸过程中不可避免的损耗。

④采购及保管费:是指在组织采购、供应和保管材料过程中所需要的各项费用。包括采购费、工地保管费、仓储损耗。

(3)施工机械使用费:是指施工机械作业所发生的机械使用费以及机械安拆费和场外运费。施工机械台班单价由下列七项费用组成:

①折旧费:是指施工机械在规定的使用年限内,陆续回收其原值及购置资金的时间价值。

②大修理费:是指施工机械按规定的大修理间隔台班进行必要的大修理,以恢复其正常功能所需要的费用。

③经常修理费:是指施工机械除大修理以外的各级保养和临时故障排除所需要的费用。包括为保障机械正常运转所需替换设备与随机配备工具、附具的摊销和维护费用,机械运转中日常保养所需润滑与擦拭的材料费用及机械停滞期间的维护和保养费用等。

④安拆费及场外运费:安拆费是指施工机械在现场进行安装与拆卸所需要的人工、材料、机械和试运转费用以及机械辅助设施的折旧、搭设、拆除等费用;场外运费是指施工机械整体或分体自停放地点运至施工现场或由一施工地点运至另一施工地点的运输、装卸、辅助材料及架线等费用。

⑤人工费:是指机上司机(司炉)和其他操作人员的工作日人工费及上述人员在施工机械规定的年工作台班以外的人工费。

⑥燃料动力费:是指施工机械在运转作业中所消耗的固体燃料(煤、木材)、液体燃料(汽油、柴油)及水、电的费用。

⑦养路费及车船使用税:是指施工机械按照国家规定和有关部门规定应缴纳的养路费、车船使用税、保险费及年检费等。

2. 措施费

措施费是指为完成工程项目施工,发生于该工程施工前和施工过程中非工程实体项目的技术和组织措施费用,包括以下内容:

（1）大型机械设备进出场及安拆费：是指特大型机械整体或分体自停放场地运至施工现场或由一个施工地点运至另一个施工地点，所发生的机械进出场运输及转移费用，机械在施工现场进行安装、拆卸所需的人工费、材料费、机械费、试运转费和安装所需的辅助设施的费用。

（2）混凝土、钢筋混凝土模板及支架费：是指混凝土及钢筋混凝土施工过程中所需要的各种钢模板、木模板、支架等的支、拆、运输费用，以及模板、支架的摊销（或租赁）费用。

（3）脚手架费：是指施工需要的各种脚手架塔、拆、运输费用及脚手架的摊销（或租赁）费用。

（4）施工排水及降水费：是指为确保工程在正常条件下施工，采取各种排水、降水措施所发生的各种费用。

（5）专业工程专用措施费：是指除上述通用措施费项目外，各专业工程根据工程特征所采用的措施项目费用，具体项目见表2-13。

（6）环境保护费：是指施工现场为达到环保等有关部门要求所需要的各项费用。

（7）临时设施费：是指施工企业为进行建筑安装工程施工所必须搭设的生活和生产用的临时建筑物、构筑物和其他临时设施的搭设、维修、拆除或摊销等费用。

临时设施包括：临时生活设施、办公室、文化娱乐用房、材料仓库、加工厂、人行便道、构筑物以及施工现场范围内建筑物（构筑物）沿外边起50 m以内的供（排）水管道、供电管线等，但不包括施工现场场地及道路硬化等。

（8）夜间施工费：是指因夜间施工所发生的夜班补助费、夜间施工降效、夜间施工照明设备摊销及照明用电等费用。

（9）冬雨季施工增加费：是指在冬雨季施工增加的设施、劳保用品、防滑、排除雨雪的人工及劳动效率降低等费用。

（10）二次搬运费：是指因施工现场材料、成品、半成品必须发生的二次、多次搬运费用。

（11）包干费：是指工程施工期间因停水停电、材料设备供应、材料代用等不可遇见的一般风险因素影响正常施工而又不方便计算的损失费用。内容包括：

①一月内临时停水、停电在工作时间16小时以内的停工窝工损失。

②建设单位供应材料设备不及时造成的停工、窝工每月累计在18小时以内的损失。

③材料的理论重量与实际重量的差。

④材料代用，但不包括建筑材料中钢材的代用。

（12）已完工程及设备保护费：是指竣工验收前，对已完工程及设备进行保护所需费用。

（13）工程定位复测、点交及场地清理费：指工程开工前的定位、施工过程中的复测及竣工时的点交、施工现场范围内的障碍物清理费用（但不包括建筑垃圾的场外运输）。

（14）材料检验试验费：是指对建筑材料、构件和建筑安装物进行一般鉴定、检查所发生的费用，包括自设实验室进行试验所耗用的材料和化学药品等费用。不包括新结构、新材料的试验费和建设单位对具有出厂合格证明的材料进行试验，对构件做破坏性试验及其他特殊要求检验试验的费用。

（15）特殊检验试验费：是指工程施工中对新结构、新材料的试验费和建设单位对具有出厂合格证明的材料进行检验，对构件做破坏性试验及其他特殊要求检验试验的费用。内容包括外墙面砖抗黏结试验、室内有害物质检测、门窗（幕墙）三性检测、石材放射性检测、石膏板阻燃检测、挖孔桩基础抽芯、桩破坏试验、钢筋抗拔和钢筋扫描、挡土墙抗渗试验、保温层隔热检测、桥梁支架预压及桥梁荷载试验、路基弯沉值测试、路面承载力试验、桩基静载试验、超声波测试等特殊检验试验，以及具有合格证的其他材料、成品、半成品发生的多次重复性检验试验均合格的费用。

（二）间接费

间接费由企业管理费和规费组成。

1. 企业管理费

企业管理费是指建筑安装企业组织施工生产和经营管理所需费用。内容包括：

（1）管理人员工资：是指管理人员的基本工资、工资性补贴、职工福利费、劳动保护费等。

（2）办公费：是指企业管理办公用的文具、纸张、账表、印刷、邮电、书报、会议、水电、烧水和集体取暖（包括现场临时宿舍取暖）用煤等费用。

（3）差旅交通费：是指职工因公出差、调动工作的差旅费、住勤补助费、室内交通费和误餐补助费、职工探亲路费、劳动力招募费，职工离退休、退职一次性路费、工伤人员就医路费，工地转移费以及管理部门使用的交通工具的油料、燃料、养路费及牌照费。

（4）固定资产使用费：是指管理和试验部门及附属生产单位使用的属于固定资产的房屋、设备仪器等的折旧、大修、维修和租赁费。

（5）工具用具使用费：是管理使用的不属于固定资产的生产工具、器具、家具、交通工具和检验、试验、测绘、消防用具等的购置、维修和摊销费。

（6）劳动保险费：是指有企业支付离退休职工的异地安家补助费、职工退职金、6个月以上的病假人员工资、职工死亡丧葬补助费、抚恤费、按规定支付给离休干部的各项经费。

（7）工会经费：是指企业按职工工资总额计提的工会经费。

（8）职工教育经费：是指企业为职工学习先进技术和提高文化水平，按职工工资总额计提的费用。

（9）财产保险费：是指施工管理用财产、车辆保险。

（10）财务费：是指企业为筹集资金而发生的各种费用。

（11）税金：是指企业按规定缴纳的房产税、车船使用税、土地使用税、印花税等。

（12）其他：包括技术转让费、技术开发费、业务招待费、绿化费、广告费、公证费、法律顾问费、审计费、咨询费等。

2. 规费

规费是指政府和有关权利部门规定必须缴纳的费用。包括：

（1）社会保障费。

①职工养老保险费：是指企业按规定标准为职工缴纳的基本养老保险费。

②职工失业保险费：是指企业按照国家规定标准为职工缴纳的失业保险费。

③职工医疗保险费：是指企业按照规定标准为职工缴纳的基本医疗保险费。

（2）住房公积金。是指企业按照规定标准为职工缴纳的住房公积金。

（3）危险作业意外伤害保险。是指按照建筑法规定,企业为从事危险作业的建筑安装施工人员支付的意外伤害保险费。

（4）工程排污费。是指施工现场按规定缴纳的工程排污费。

（三）利润

利润是指施工企业完成所承包工程获得的利益。

（四）安全文明施工专项费

安全文明施工专项费是指施工现场按照国家及重庆市现行的施工安全、施工现场环境与卫生标准和有关规定,购置和更新施工安全防护用具及设施、改善安全生产条件和作业环境所需要的安全文明施工专项费用。

（五）工程定额测定费

工程定额测定费是指按规定支付工程造价管理部门的工程定额测定费。

（六）税金

税金是指国家税法规定的应计入建筑安装工程造价内的营业税、城市维护建设税和教育费附加。

二、取费标准及计价程序

费用定额主要说明建设工程费用的组成、计算方式、计取标准及计算程序。本节摘录《重庆市建设工程费用定额》(CQFYDE—2008),目的有两个:一是说明费用定额的组成,二是介绍重庆市现行的建设工程费用计算。

（一）工程类别划分标准

工程类别划分标准见表2-14。

表2-14　建筑工程类别划分标准

项目				一类	二类	三类	四类
工业建筑	单层厂房	跨度	m	>24	>18	>12	≤12
		面积	m²	>9 000	>6 000	>3 000	≤3 000
	多层厂房	层数	层	>10	>7	>4	≤4
		面积	m²	>8 000	>5 000	>3 000	≤3 000
民用建筑	住宅	层数	层	>25	>16	>8	≤8
		面积	m²	>15 000	>10 000	>4 000	≤4 000
		别墅			独立别墅	联排别墅花园洋房	
	公共建筑	层数	层	>21	>15	>7	≤7
		面积	m²	>12 000	>8 000	>3 500	≤3 500
		特殊建筑		Ⅰ级	Ⅱ级	Ⅲ级	Ⅳ级

续表 2-14

项目			一类	二类	三类	四类
构筑物	烟囱	高度（m）	>110	>70	>35	≤35
	水塔	高度（m）	>50	>35	>25	≤25
	筒仓	高度（m）	>40	>30	>20	≤20
	贮池	容量（m³）	>2 500	>1 500	>600	≤600
	生化池	容量（m³）		>1 000	>500	≤500

1. 工程类别划分标准说明

（1）工程类别划分标准是工程建设各方确定工程类别等级的依据。

（2）工程类别按单位工程划分。

（3）一个单位工程满足表中的一个条件即可执行相应类别标准。

（4）建筑工程具有不同使用功能时，应按其主要使用功能（以建筑面积大小区分）确定工程类别。

（5）单层多跨厂房应以最大跨度作为确定类别的依据，与单层厂房相连的附属生活间、办公室等均随该单层厂房的标准执行。

（6）室外管沟、围墙按建筑工程四类标准执行，挡墙按市政工程标准执行。

（7）安装工程以主要项目为主，附属项目按以主代次的原则划分工程类别。

（8）市政工程的道路、桥梁、隧道等单位工程，应单独划分工程类别，但附属于道路、桥梁、隧道的其他市政工程，如由同一企业承包施工，应并入主题单位工程划分工程类别。

（9）道路工程既有主干道又有支干道时，按加权平均法确定车行道路宽度，划分工程类别。

（10）道路工程按管道不同管径加权平均确定管径，划分工程类别。

（11）特殊工程类别按设计等级标准划分。

2. 名词解释

（1）跨度：指按设计图标注的相邻纵向定位轴线的距离。

（2）建筑面积：指按《重庆市建筑工程计价定额》（CQJZDE—2008）"建筑面积计算规则"计算的单位工程建筑面积。

（3）层数：指建筑物的分层数（含能计算建筑面积的设备层和地下室）。不计算建筑面积的建筑层房顶水箱间、楼梯间、电梯机房不计算层数。

（4）公共建筑：指医院、宾馆、综合楼、办公楼、教学楼、候机楼、车站、客运楼等为公众服务的建筑物。

（5）特殊建筑：指影剧院、体育场（馆）、图书馆、博物馆、美术馆、展览馆等为公众服务的建筑物。

（6）构筑物高度：指构筑物基础顶面至主体结构顶面的垂直距离。

（二）建筑安装工程费用标准

建筑以定额基价直接工程费为计算基础，费用标准见表 2-15。

表2-15　建筑工程费用标准

费用名称		工程分类			
		一类	二类	三类	四类
组织措施费（％）	环境保护费	0.45	0.40	0.35	0.30
	临时设施费	2.20	2.10	1.95	1.70
	夜间施工费	1.46	0.98	0.77	0.67
	冬雨季施工增加费	1.15	0.75	0.60	0.52
	二次搬运费	0.80			
	包干费	1.20			
	已完工程及设备保护费	0.40	0.30	0.20	0.15
	工程定位复测、点交及场地清理费	0.30	0.25	0.18	0.13
	材料检验试验费	0.20	0.18	0.16	0.14
	组织措施费合计	8.16	6.96	6.21	5.61
间接费（％）	企业管理费	16.03	14.95	12.47	9.30
	规费	4.87			
利润（％）		8.73	6.94	4.00	2.80

（三）建筑安装工程费用计算程序

建筑、市政、机械土石方、仿古建筑、炉窑砌筑、建筑修缮工程费用计算程序见表2-16。

表2-16　工程费用计算程序

序号	费用组成	计算式说明
一	直接费	1 + 2 + 3
1	直接工程费	1.1 + 1.2 + 1.3
1.1	人工费	含按计价定额基价计算的实体项目和技术措施项目费
1.2	材料费	
1.3	机械费	
2	组织措施费	1 × 组织措施费费率
2.1	其中：临时设施费	1 × 临时设施费费率
3	允许按实计算费用及价差	3.1 + 3.2 + 3.3 + 3.4
3.1	人工费价差	
3.2	材料费价差	
3.3	按实计算费用	
3.4	其他	

续表 2-16

序号	费用组成	计算式说明
二	间接费	4＋5
4	企业管理费	1×企业管理费费率
5	规费	1×规费费率
三	利润	1×规费费率
四	安全文明施工专项费	按文件规定计算
五	工程定额测定费	(一＋二＋三＋四)×规定费率
六	税金	(一＋二＋三＋四＋五)×规定税率
七	工程造价	一＋二＋三＋四＋五＋六

(四)工程费用计算说明

(1)执行 2008 年重庆市建筑、装饰、安装、市政、仿古建筑及园林、房屋修缮工程计价定额,本专业工程若需借用其他专业工程定额项目,应将借用定额人工、材料、机械按本专业单价进行换算后,纳入本专业定额规定的工程定额取费标准统一计费。

(2)工程费用标准表中"规费"费用标准未含工程排污费,工程排污费另按实计算。

(3)安全文明施工专项费取费标准及计算方法,按重庆市建设委员会《关于印发〈重庆市建设工程安全文明施工措施费用计取及使用管理规定〉的通知》(渝建发〔2006〕177号)文件执行。

(4)工程定额测定费根据渝府发〔2001〕106 号文件,按建安工作量的 1.4‰计取,缴费办法按市建设工程造价管理总站有关文件执行。

(5)税金根据重庆市建设委员会《关于调整建筑安装工程税金计取费率的通知》(渝建发〔2005〕205 号)文件规定,其标准见表 2-17。

表 2-17 建筑安装工程税金标准

工程地点	税率(%)
市、区	3.41
县城、镇	3.35
不在市区、县城镇	3.22

(6)总承包服务费。

发包方将工程中的一部分专业工程项目直接发包给另一施工企业,总包方应向发包方收取总承包服务费。总包方服务职责为:同期施工时,配合发包方进行现场协调、管理,提供必要的简易架料及垂直吊运等。

总承包服务费应以分包工程(不含总包方自行分包工程)的造价或人工费为基础,建筑工程按造价的 3%计算,装饰、安装工程按人工费的 15%计算,计入按实计算项目内。

(7)二次搬运费。

①建筑工程材料、成品、半成品的场内二次或多次搬运费,主城区(渝中区、大渡口区、江北区、沙坪坝区、九龙坡区、南岸区、北碚区、渝北区、巴南区)内包干使用。

②建筑工程组织措施费内已包括二次搬运费,当工程所在地不在主城区时,应扣除组织措施费中已含的二次搬运费,二次搬运费另根据工程情况按实计算。

③除建筑工程外,其他专业工程二次搬运费应根据工程情况按实计算。

④建筑工程采用商品混凝土时,其商品混凝土使用量达到其上升工程现浇混凝土总用量的40%以上时,二次搬运费按上述标准的50%计取。

(8)材料、设备采购及仓管费率标准。

①由承包方采购材料、设备的采购及仓管费率:钢材、木材、水泥为2.5%,其他材料及半成品为3%,设备为1%。

$$材料采购及保管费 = (材料原价 + 运杂费) \times (1 + 运输损耗率) \times 采购及保管费率$$

$$(2\text{-}12)$$

②由发包方提供材料到承包方指定地点,发包方收取采购及仓管费的1/3,承包方收取采购及仓管费的2/3。

③由发包方指定承包方在市外采购的材料、设备,采购及仓管费率:材料为5%,设备为2%。

(9)临时设施费每万元材料摊销指标。

钢材0.91 t、原木1.82 m³、水泥3.25 t、标准砖16.68 千匹,本摊销量并入工程材料用量内,进行材料价差调整。

(10)签证记工、零星借工。

①计费基价:建筑、市政、房屋修缮、机械土石方工程为25元/工日,装饰、安装、仿古建筑及园林工程为28元/工日,人工土石方工程为22元/工日。

②各专业工程综合费用均按35%计算,不再计取其他有关费用,但应计算工程定额测定费和税金。

③人工费市场价差单调。

(11)签证机械。

①台班单价按2008年重庆市施工机械台班定额相应的机械台班单价执行。

②各项费用综合按10%计算,不再计取其他有关费用,但应计算工程定额测定费和税金。

③机上人工费及燃料动力费市场价差单调。

(12)停、窝工费。

①承包方进入现场后,如因设计变更或由于发包方的责任造成的停工、窝工费用,由承包方提出资料,经发包方、监理方确认后由发包方承担。施工现场如有调剂工程,经发、承包方协商可以安排时,停、窝工费用应根据实际情况不收或少收。

②现场机械停置台班数量按停置期日历天数计算,台班费及管理费按机械台班费的60%计算,不再计取其他有关费用,但应计算工程定额测定费和税金。

③生产工人停工、窝工工资基价不分专业,统一按25元/工日计算;各项费用综合按30%计算,不再计取其他有关费用,但应计算工程定额测定费和税金;人工费市场价差单调。

④周转材料停置费按实计算。

（13）发包方提供材料、成品、半成品实物时，承包方均应按定额基价计取相应费用。

（14）现场生产和生活用水、电价差调整。

①现场生产和生活用水、电应调整价差。

②由发包方提供现场生产和生活用水、电，安装水、电表交承包方保管使用时：

由发包方交款，承包方按表计量，合同中未考虑水、电价差的，按定额基价计算退还发包方；合同中已考虑水、电价差的，按合同约定水、电单价（含价差）退还发包方。

由承包方交款，则承包方按表计量，按实际单价减去定额基价调整水、电差价。

③未安装水、电表并由发包方交款时，凡按定额基价直接工程费计费的工程，水费按定额基价直接工程费的 0.70%，电费按定额基价直接工程费的 0.80% 退还建设单位；凡按定额基价人工费计费的工程，水费按定额基价人工费的 3.00%，电费按定额基价人工费的 5.00% 退还建设单位。

（15）按实计算费用。

允许按实计算的费用包括：建筑垃圾场外运输费；土石方运输、构件运输及特大型机械进出场等实际发生的过路费、过桥费、弃渣费、土石方外运密闭费；机械台班中允许按实计算的养路费、车船使用税；总承包服务费；高温补贴等。

（16）特殊检验试验费。

特殊检验试验费发生时根据签证按实计算，进入"按实计算费用"内。

任务四　施工图预算的编制及案例

一、施工图预算的编制概述

（一）施工图预算的概念

施工图预算即单位工程预算书，是在施工图设计完成后、工程开工前，根据已审定的施工图纸，在施工方案或施工组织设计已确定的前提下，按照国家或省、市颁发的现行预算定额、费用标准、材料预算价格等有关规定，逐项计算工程量，套用相应定额，进行工料分析，计算直接费、间接费、利润、税金等费用，确定单位工程造价的技术经济文件。

（二）施工图预算的作用

施工图预算作为建设工程建设程序中一个重要的技术经济文件，在工程建设实施过程中具有十分重要的作用，可以归纳为以下几个方面。

1. 施工图预算对投资方的作用

（1）施工图预算是设计阶段控制工程造价的重要环节，是控制施工图设计不突破设计概算的重要措施。

（2）施工图预算是控制造价及资金合理使用的依据。施工图预算确定的预算造价是工程的计划成本，投资方按施工图预算造价筹集建设资金，合理安排建设资金计划，确保建设资金的有效使用，保证项目建设顺利进行。

（3）施工图预算是确定工程招标控制价的依据。在设置招标控制价的情况下，建筑安装工程的招标控制价可按照施工图预算来确定。招标控制价通常是在施工图预算的基础上考虑工程的特殊施工措施、工程质量要求、目标工期、招标工程范围以及自然条件等因素进行编制的。

（4）施工图预算可以作为确定合同价款、拨付工程进度款及办理工程结算的基础。

2. 施工图预算对施工企业的作用

（1）施工图预算是建筑施工企业投标报价的基础。在激烈的建筑市场竞争中，建筑施工企业需要根据施工图预算，结合企业的投标策略，确定投标报价。

（2）施工图预算是建筑工程预算包干的依据和签订施工合同的主要内容。在采用总价合同的情况下，施工单位通过与建设单位协商，可在施工图预算的基础上，考虑设计或施工变更后可能发生的费用与其他风险因素，增加一定系数作为工程造价一次性包干价。同样，施工单位与建设单位签订施工合同时，其中工程价款的相关条款也必须以施工图预算为依据。

（3）施工图预算是施工企业安排调配施工力量、组织材料供应的依据。施工企业在施工前，可以根据施工图预算的工、料、机分析，编制资源计划，组织材料、机具、设备和劳动力供应，并编制进度计划，统计完成的工作量，进行经济核算并考核经营成果。

（4）施工图预算是施工企业控制工程成本的依据。根据施工图预算确定的中标价格是施工企业收取工程款的依据，企业只有合理利用各项资源，采取先进技术和管理方法，将成本控制在施工图预算价格以内，才能获得良好的经济效益。

（5）施工图预算是进行"两算"对比的依据。施工企业可以通过施工图预算和施工预算的对比分析，找出差距，采取必要的措施。

3. 施工图预算对其他方面的作用

（1）对于工程咨询单位而言，尽可能客观、准确地为委托方做出施工图预算，不仅体现出其水平、素质和信誉，而且强化了投资方对工程造价的控制，有利于节省投资，提高建设项目的投资效益。

（2）对于工程项目管理、监督等中介服务企业而言，客观准确的施工图预算是为业主方提供投资控制的依据。

（3）对于工程造价管理部门而言，施工图预算是其监督、检查执行定额标准、合理确定工程造价、测算造价指数以及审定工程招标控制价的重要依据。

（4）如在履行合同的过程中发生经济纠纷，施工图预算还是有关仲裁、管理、司法机关按照法律程序处理、解决问题的依据。

（三）施工图预算的编制依据

施工图预算的编制必须遵循以下依据。

1. 经过批准和会审的施工图设计文件和有关标准图集

编制施工图预算所用的施工图纸必须经过建设主管机关批准，并经过建设单位、设计单位、施工单位和监理单位参加图纸会审、签署"图纸会审纪要"，以及与图纸有关的标准图集等资料。施工图纸是计算工程量和进行预算列项的主要依据。

2. 经过批准的施工组织设计

经过批准的施工组织设计或施工方案是编制施工图预算的重要依据。确定各分部分项工程的施工方法、施工进度计划、施工机械的选择、施工平面图的布置及主要技术措施等内容,在施工组织设计或施工方案中一般都有明确的规定。

3. 现行预算定额及相关文件

现行预算定额及相关文件是编制施工图预算的基本资料和计算标准。包括预算定额(计价定额)或基价表、费用定额、地区材料预算价格及其工程造价管理部门颁发的相关文件。

4. 经过批准的设计概算文件

经过批准的设计概算文件是国家控制工程拨款或贷款的最高限额,也是控制单位工程预算的主要依据。如果工程预算确定的投资总额超过设计概算,应该补做调整设计概算,经原批准单位机关批准后方准许实施。

5. 施工合同或招标文件

在市场经济条件下,合同双方会在符合政策规定的前提下,在合同中做出一些有关工程造价计算和确定的约定。因此,施工合同是合同双方计算、确定工程造价的主要依据之一。

招投标过程中尚未签订合同的工程,招标文件中许多约定和规定是计算报价、评审报价的依据,当然也就是编制施工图预算的主要依据之一。

6. 预算工作手册等辅助资料

预算工作手册的内容主要包括常用的各种数据、计算公式、材料换算表、常用标准图集及各种必备的工具书。

(四)施工图预算的编制原则

(1)严格执行国家的建设方针和经济政策的原则。施工图预算要严格按照党和国家的方针、政策办事,坚决执行勤俭节约的方针,严格执行规定的设计和建设标准。

(2)完整、准确地反映设计内容的原则。编制施工图预算时,要认真了解设计意图,根据设计文件、图纸准确计算工程量,避免重复和漏算。

(3)坚持结合拟建工程的实际,反映工程所在地当时价格水平的原则。编制施工图预算时,要实事求是地对工程所在地的建设条件、可能影响造价的各种因素进行认真的调查研究。在此基础上,正确使用定额、费率和价格等各项编制依据,按照现行工程造价的构成,根据有关部门发布的价格信息及价格调整指数,考虑建设期的价格变化因素,使施工图概算尽可能地反映设计内容、施工条件和实际价格。

(五)施工图预算的编制步骤

施工图预算编制的步骤主要包括三大内容:单位工程施工图预算编制、单项工程综合预算编制、建设项目总预算编制。单位工程施工图预算是施工图预算的关键。

单价法编制施工图预算的主要步骤如下:

(1)熟悉图纸资料,了解现场情况,做好准备工作。

熟悉施工图纸和设计说明书是编制施工图预算的最重要的准备工作。在编制施工图预算以前,首先要认真熟读施工图纸,对设计图纸和有关标准图的内容、施工说明及各张图纸之间的关系,要进行从个别到综合的熟悉,以充分掌握设计意图、了解工程全貌。在读图过程中,对图纸的疑点、矛盾、差错等问题,要随时做好记录,以便在图纸会审时提出,求得妥善解决。收到图纸会审记录后,要及时将会审记录中所列的问题和解决的办法写在图纸的相应部位,以免发生差错。读图的同时,还要熟悉施工组织设计,并深入拟建工地,了解现场实际情况。例如,土壤类别、地下水位高低、土方开挖的施工方法、土方运输方式和距离、现场排水方式、是否降低地下水、预制构件的运输距离,以及为了保证施工正常进行需要哪些措施等。如果异地施工,还需尽快熟悉当地定额及相关规定,收集有关文件和资料。

（2）列项,计算工程量。

确定分项工程项目和计算工程量,是编制施工图预算的重要环节。项目划分是否齐全、工程量计算是否正确将直接影响预算的编制速度和质量。计算工程量以前,宜根据定额规定要求、图纸设计内容,非常仔细地逐一列出应计算工程量的分项工程项目,以避免漏算和错算。计算工程量,宜先算出"三线一面"。

"三线一面"指外墙外边线、外墙中心线、内墙净长线和建筑物底层建筑面积。工程量计算中将反复使用这四个数据,因此称为"计算基数"。

工程量计算是预算编制工作各环节中最重要的一环,是编制工作中花费时间最长、付出劳动量最大的一项工作。我们必须根据施工图纸、施工组织设计、工程量计算规则逐项进行计算。工程量计算的快慢、正确与否,直接关系预算的及时性和准确性,必须十分认真仔细地做好这一步工作。

（3）套用定额,计算直接费和主材消耗量。

将计算好的各分项工程数量,按定额规定的计量单位、定额分部顺序分别填入工程预算表中。再从定额（基价表）中查出相应的分项工程定额编号、基价、人工费单价、材料费单价、机械费单价、定额材料用量,也填入预算表中。然后将工程量分别与单价、定额材料用量等相乘,即可得出各分项工程的直接工程费、人工费、材料费、机械费和各种材料用量。每个分部工程各项数据计算完毕,应进行分部汇总。最后汇总各分部结果,得出单位工程的直接工程费、人工费、材料费、机械费和各种材料用量。

（4）取费计算。

直接工程费汇总以后,按地区统一规定的程序和费率,计算其他各项费用（措施费、间接费、税金等）,由此求得工程预算造价。造价计算出来以后,再计算每平方米建筑面积的造价指标。为了积累资料,还应计算每平方米的人工费、材料费、施工机械使用费、各大主材消耗量等指标。

（5）校核,填写编制说明,装订,签章及审批。

做完上述各步,首先自己校核审查,如实填写编制说明和封面,装订成册,经复核后签章、送审。

（六）施工图预算书的组成

根据《重庆市建设工程费用定额》（CDFYDE—2008）的要求,按定额计价模式编制的施工图预算书主要由以下内容组成:

（1）封面。

（2）编制说明。

（3）工程取费表。

（4）工程预（结）算表。

（5）工程主要材料用量表。

（6）工程人工、材料、机械台班用量统计表。

（7）人工费、材料费价差调整表。

（8）按实计算费用表。

二、施工图预算的编制方法

（一）工程预算表的编制

将计算好的各分项工程量，按定额规定的计量单位、定额分部顺序分别填入工程预算表中。再从定额（基价表）中查出相应的分项工程定额编号、基价、人工费单价、材料费单价、机械费单价，也填入预算表中。然后将分项工程量分别与单价相乘，即可得出各分项工程的直接工程费、人工费、材料费、机械费。工程预算表见表2-18。

表2-18 工程预算表

工程名称： 　　　　　　　　　　　　　　　　　　　　　　　　　　第 页 共 页

序号	定额编号	项目名称	单位	工程量	单价（元）	合价（元）	人工费（元）		材料费（元）		机械费（元）	
							单价	合计	单价	合计	单价	合计

注：本表供以定额基价直接费为计算基础的工程费用。

（二）工料分析及价差调整

1. 工料分析

工料分析是单位工程预算书的重要组成部分，也是施工企业内部经济核算和加强经营管理的重要措施。工料分析也是建筑安装企业施工管理工作中必不可少的一项技术经济指标。其具体作用如下：

（1）工料分析为单位工程及其分部分项工程提供了人工、材料、构（配）件、机械的预算数量。

（2）工料分析是生产计划部门编制施工计划、安排生产、统计完成工作量的依据。

（3）工料分析是劳动工资部门组织、调配劳动力，编制工资计划的依据。

（4）工料分析是材料部门编制材料供应计划、储备材料、加工订货和组织材料进场的依据。

（5）工料分析是财务部门进行各项经济活动分析的依据。

（6）工料分析是施工企业进行"两算"（施工图预算与施工预算）对比的依据。

分部工程的工料分析,首先根据单位工程中的分项工程,逐项从预算定额中查出定额用工量和定额材料用量等数据,并将其分别乘以相应分项工程量,得出该分项工程各工种和各材料消耗量。计算公式如下:

$$人工消耗量 = \sum 工程量 \times 某分项工程定额用工量 \tag{2-13}$$

$$材料消耗量 = \sum 工程量 \times 某分项工程定额材料用量 \tag{2-14}$$

对于砂浆和混凝土等半成品材料,还应根据预算定额中的砂浆及混凝土配合比表做二次分析,计算出原材料数量;对于由工厂制作和现场安装的各种构件和制品,如预制钢筋混凝土构件、金属结构构件、门窗构件以及各种建筑制品等项目,其工料分析应按照制作和安装分别列表计算。

采用实物法计算工程费用时,所有材料都应进行分析,因此必须使用预算软件,在计算机上进行全面工料分析。如果采用单价法计算工程费用,只分析主要材料即可,如土建主要分析钢材、木材、水泥、砖、瓦、砂、石、石灰、油毡、沥青、玻璃及综合用工等数量。见表2-19、表2-20。

表2-19　工程主要材料用量表

工程名称:

序号	材料名称	单位	工程用材	临设摊销	模板摊销	脚手架摊销	合计量	单方量
1	钢材	t						
2	水泥	t						
3	原木	m³						
4	商品混凝土	m³						

表2-20　工程人工、材料、机械台班用量统计表

工程名称:　　　　　　　　　　　　　　　　　　　　　　　　　第　页　共　页

序号	工、料、机名称	单位	数量	备注

2. 价差调整

1) 价差产生的原因

(1) 国家政策因素:国家政策、法规的改变将会对市场产生巨大的影响。这种因政策发生变化而产生的材料价格的变化,即为"制差"。

(2) 地区因素:预算定额估价表编制所在地的材料预算价格与同一时期执行该定额的不同地区的材料价格差异,即为"地差"。

(3) 时间因素:定额估价表编制年度定额材料预算价格与项目实施年度执行材料价格的差异,即为"时差"。

(4) 供求因素:即市场采购材料因产、供、销系统变化而引起的市场价格变化形成的价差,即为"市差"。

(5) 地方部门文件因素:由于地方产业结构调整引起的部分材料价格的变化而产生的价差,即为"地方差"。

2) 调整方法

根据当地的信息价或者市场价调整价差,见表 2-21。一般当地的定额站一个季度发布一次信息价。材料价差调整计算公式如下:

材料价差调整 = 单位工程某种材料用量 × (现行材料预算价格 - 预算定额中材料单价)

(2-15)

表 2-21　人工费、材料费价差调整表

工程名称:　　　　　　　　　　　　　　　　　　　　　　　　第　页　共　页

序号	材料名称及规格	单位	数量	基价(元)	基价合计(元)	调整价(元)	单价差(元)	价差合计(元)	备注
一	人工费价差	元							
	合计								
二	材料费价差	元							
	合计								

（三）工程取费表的编制、说明及封面

1. 工程取费表

每个分部工程中各分项数据计算完毕，应进行分部汇总，汇总各分部结果，得出单位工程的直接工程费、人工费、材料费、机械费。直接工程费汇总以后，按地区统一规定的程序和费率，计算其他各项费用，包括措施费、间接费、税金等，由此求得工程预算造价。工程取费表见表2-22。

表2-22　工程取费表

工程名称：

序号	费用名称	计算公式	费率	金额(元)	备注
一	直接费	1+2+3			
1	直接工程费	按计价定额计算1.1+1.2+1.3			含工程实体及技术措施费
1.1	人工费	定额人工费			
1.2	材料费	定额材料费			
1.3	机械费	定额机械费			
2	组织措施费	1×规定费率			
2.1	其中：临时设施费	1×规定费率			
3	允许按实计算的费用及价差	3.1+3.2+3.3+3.4			
3.1	人工费价差				
3.2	材料费价差				
3.3	按实计算费用				
3.4	其他				
二	间接费	4+5			
4	企业管理费	1×规定费率			
5	规费	1×规定费率			
三	利润	1×规定费率			
四	安全文明施工专项费	按文件规定计算			
五	工程定额测定费	（一+二+三+四）×规定费率			
六	税金	（一+二+三+四+五）×规定税率			
七	工程造价	一+二+三+四+五+六			

注：本表以定额基价直接费为计算基础的工程费用。

（1）建筑、市政、机械土石方、仿古建筑、炉窑砌筑、建筑修缮工程费用计算程序见表 2-23。

表 2-23　工程费用计算程序（一）

序号	费用组成	计算式说明
一	直接费	1＋2＋3
1	直接工程费	1.1＋1.2＋1.3
1.1	人工费	含按计价定额基价计算的实体项目和技术措施项目费
1.2	材料费	
1.3	机械费	
2	组织措施费	1×组织措施费费率
2.1	其中：临时设施费	1×临时设施费费率
3	允许按实计算费用及价差	3.1＋3.2＋3.3＋3.4
3.1	人工费价差	
3.2	材料费价差	
3.3	按实计算费用	
3.4	其他	
二	间接费	4＋5
4	企业管理费	1×企业管理费费率
5	规费	1×规费费率
三	利润	1×规费费率
四	安全文明施工专项费	按文件规定计算
五	工程定额测定费	（一＋二＋三＋四）×规定费率
六	税金	（一＋二＋三＋四＋五）×规定税率
七	工程造价	一＋二＋三＋四＋五＋六

（2）装饰、安装、市政安装（含给水、燃气安装及道路交通管理设施）、人工土石方、园林、绿化、拆除、安装修缮工程费用计算程序见表 2-24。

表2-24 工程费用计算程序（二）

序号	费用组成	计算式说明
一	直接费	1 + 2 + 3
1	直接工程费	1.1 + 1.2 + 1.3 + 1.4
1.1	人工费	含按计价定额基价计算的实体项目和技术措施项目费
1.2	材料费	
1.3	机械费	
1.4	未计价材料费	
2	组织措施费	(1.1) × 组织措施费费率
2.1	其中:临时设施费	(1.1) × 临时设施费费率
3	允许按实计算费用及价差	3.1 + 3.2 + 3.3 + 3.4
3.1	人工费价差	
3.2	材料费价差	
3.3	按实计算费用	
3.4	其他	
二	间接费	4 + 5
4	企业管理费	(1.1) × 企业管理费费率
5	规费	(1.1) × 规费费率
三	利润	(1.1) × 规费费率
四	安全文明施工专项费	按文件规定计算
五	工程定额测定费	(一 + 二 + 三 + 四) × 规定税率
六	税金	(一 + 二 + 三 + 四 + 五) × 规定税率
七	工程造价	一 + 二 + 三 + 四 + 五 + 六

2. 编制说明

施工图预算书一般应编写编制说明,主要用来叙述编制依据,选取的人工、材料单价及各项的内容,见表2-25。

表 2-25 编制说明

1. 工程概况
(1)工程名称
(2)建筑面积或容积
(3)建筑层数和高度
(4)工程设计主要特点概述
2. 编制范围
3. 编制依据
4. 其他说明
5. 造价汇总

3. 封面

施工图预算书封面见表 2-26。

表 2-26 重庆市建筑安装工程造价预(结)算书

<专业工程名称>

建设单位:	工程名称:	建设地点:
施工单位:	工程类别:	建设日期:
工程规模:	工程造价:	单位造价:
建设(监理)单位:_____	施工(编制)单位:_____	审核单位:_____
审核人 资格证章:_____	编制人 资格证章:_____	审核人 资格证章:_____
年　月　日	年　月　日	年　月　日

三、项目案例

重庆市某迁建工程项目概况、说明、图纸等见图 2-1 ~ 图 2-26。按《重庆市建筑工程计价定额》(CQJZDE—2008)、《重庆市建设工程费用定额》(CQFYDE—2008)规定,编制施工图预算,计算过程及结果见表 2-27 ~ 表 2-35。

建筑施工图设计总说明

建筑施工图设计总说明

图 2-1　建筑施工图设计总说明

建筑节能设计说明

1. 本项目建筑性质为公共建筑,属夏热冬冷地区,执行《公共建筑节能设计标准》DBJ50-052-2006.

2. 建筑围护结构节能设计部位有建筑布置、屋面、外墙(包括非透明幕墙)、底面接触室外空气的架空层或外挑楼板、外窗(包括透明幕墙)、屋顶透明部分和地面。

3. 围护结构设计各部位构造及材料性能指标见表一:

4. 建筑布置详见总平面图及各层平面图。

5. 建筑节能设计工具:建筑节能设计分析软件;软件开发单位:中国建筑科学院;应用版本:1.12a版。
   计算结果详见《建筑节能分析报告书》。

6. 外墙各部位节点构造做法详见02J12-1-1《外墙保温建筑构造(一)》图集有关节点施工

表一　围护结构设计各部位构造及材料性能指标表

部位	构造做法	厚度 (mm)	干密度 (kg/m³)	导热系数 [W/(m.k)]	蓄热系数 24h/[W/(m.k)]	热阻值 (m².k)	热惰性指标 (D=R.S)	导热系数 修正系数
屋面	水泥砂浆保护层	20	1800	0.93	11.37	0.02	0.24	1.00
	挤塑聚苯乙烯泡沫塑料板	30	35	0.028	0.28	1.02	0.29	1.05
	水泥砂浆找平层	20	1800	0.93	11.37	0.02	0.24	1.00
	水泥砂浆	20	1800	0.93	11.37	0.02	0.24	1.00
	憎煤夹页陶粒混凝土找坡层	60	500	0.44	6.30	0.11	0.72	1.00
	钢筋混凝土屋面板	120	2500	1.74	17.20	0.07	1.19	1.00
外墙	保温砂浆	20	800	0.29	4.44	0.07	0.31	1.00
	JN烧结页岩空心砖砌体	200	900	0.35	6.50	0.57	3.71	1.00
	水泥砂浆内抹灰	20	1800	0.93	11.37	0.02	0.24	1.00
底面接触室外空气的架空层或外挑楼板	保温砂浆	30	800	0.29	4.44	0.10	0.46	1.00
	钢筋混凝土	120	2500	1.740	17.20	0.07	1.19	1.00
	水泥砂浆内抹灰	20	1800	0.93	11.37	0.02	0.24	1.00
地面	水泥砂浆	20	1800	0.93	11.37	0.02	0.24	1.00
	钢筋混凝土	100	2500	1.740	17.20	0.06	0.99	1.00
	夯实黏土2	1200	2000	0.93	11.03	1.29	14.23	1.00
地下室外墙								
非采暖房间与采暖房间的隔墙								
非采暖房间与采暖房间的楼板								

外窗(包括透明玻璃幕墙)	朝向	框料品种	玻璃品种及厚度	传热系数(K)	玻璃遮阳系数(SC)	玻璃可见光透比
	东	多腔塑料窗框	6中透光热反射+12A+6透明	K<2.3	SC<0.34	0.40
	南	多腔塑料窗框	6中透光热反射+12A+6透明	K<2.3	SC<0.34	0.28
	西	多腔塑料窗框	6中透光热反射+12A+6透明	K<2.3	SC<0.34	0.28
	北	多腔塑料窗框	6中透光热反射+12A+6透明	K<2.3	SC<0.34	0.28
屋顶透明部分				传热系数(K)	玻璃遮阳系数(SC)	

表二　项目基本情况及设计要求表

工程名称		标准厂房项目6#楼(办公部分)				
建筑节能计算面积		1631.65m²		建筑形状		条式
建筑外表面积(F₀)		2447.68m²	建筑物体积(V₀)	6534.15m³	体形系数(F₀/V₀)	0.375	建筑朝向 东偏北60度

			围护结构传热系数K值	围护结构设计部位	限值	设计计算值
				屋面	K<0.7	K=0.69
				外墙	K<1.0	K=1.61
			底面接触室外空气的架空层或外挑楼板		K<1.0	K=1.10

施工图设计执行《公共建筑节能设计标准》定性指标		外窗(包括透明幕墙)	朝向	设计窗墙面积比(计算值)	限值		设计计算值	
					窗户	遮阳	窗户	遮阳
			东	0.14	K<3.5	SC<0.5	K<2.3	SC<0.34
			南	0.26	K<2.5	SC<0.4	K<2.3	SC<0.34
			西	0.08	K<2.8	SC<0.45	K<2.3	SC<0.34
			北	0.28	K<3.0	SC<0.6	K<2.3	SC<0.34
		屋顶透明部分						
		外窗的气密性能分级			>4级		>4级	
		玻璃幕墙气密性能分级			>3级		>3级	
		地面			R>1.2		R=1.51	
		采暖空调地下室外墙			R>1.2			
		窗墙面积比小于0.4时屋顶透光可见光透比			>0.4		0.4	

权衡判定指标	建筑物全年耗电量(kWh)	限值	实际值(计算值)
		425479	411728

围护结构主要节能措施	屋面主要保温材料及厚度	挤塑聚苯板30mm	保温形式	外保温
	外墙主要保温材料及厚度	聚苯颗粒保温料10mm	保温形式	外保温
	架空楼板主要保温材料及厚度	挤塑聚苯板30mm	保温形式	外保温
	外窗框料	东、南、西、北 均为多腔塑料窗框		
	外窗玻璃	东、南、西、北 均为6中透光热反射+12A+6透明		

结论	屋面	外墙	架空楼板	外窗(包括透明部分)	天窗中庭透明部分	外窗气密性能分级	玻璃幕墙气密性能分级	地面	地下室外墙	权衡判断
是否符合标准	是	否	否	是		是		是	是	是

注:1. 节能设计详细情况见《建筑节能计算分析报告书》。
2. 保温材料、外墙框料、玻璃品种及厚度在实际施工中可根据具体情况进行代换,但代换后的围护结构传热系数实测值不得高于设计值。

图2-2　建筑节能设计说明

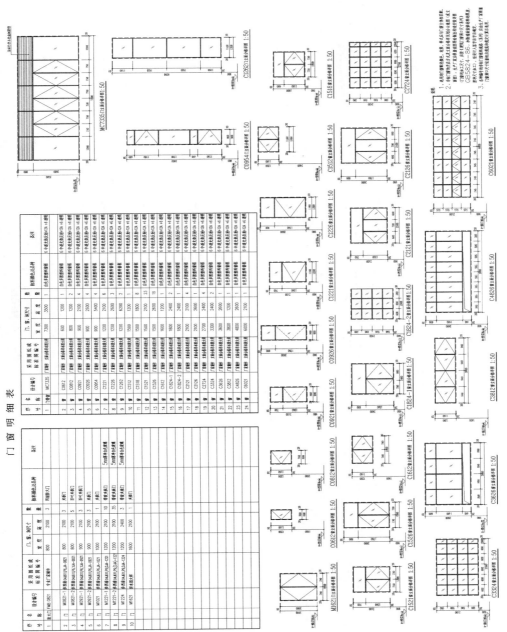

图2-3 门窗大样图

材料及装修一览表

类别	名称	采用标准图集编号	使用建筑部位	备注
屋面	上人屋面	2254(2008)S-00J-11	除不上人屋面外的所有屋面	
	不上人屋面	2254(2008)S-00J-11	①②~Ⓐ©屋面即②③~Ⓔ©屋面及楼梯间屋面	
	坡屋面	西南03J201-2 P5, 2506C		
顶棚	内墙乳胶漆一遍	西南04J515 P13, P06	医疗、办公各房间	公共走道、楼梯间刷白色乳胶漆二遍；其余均无罩面层
	铝合金条型扣板吊顶	西南04J515 P16 P22	公共卫生间	
楼地面	防滑地砖地面	西南04J312,P19,3182b	卫生间	改防水层为丙烯酸酯防水涂料
	水泥砂浆地面	西南04J312,P4,3103	储藏用房	
	地砖地面	西南04J312,P19,3182a	门厅电梯二次装修房间	色彩现场定样
	防滑地砖楼面	西南04J312,P19,3184b	卫生间	改防水层为丙烯酸酯防水涂料
	地砖楼面	西南04J312,P19,3184a	门厅、公共交通部分，二次装修房间	色彩现场定样
	水泥砂浆楼面	西南04J312,P4,3104	储藏用房	
内墙	内墙乳胶漆一遍	西南04J515,P4,N05	医疗、办公各房间	公共走道、楼梯间刷白色乳胶漆二遍；其余均无罩面层
踢脚板	地砖踢脚板	西南04J312,P20,3187	医疗、办公各房间、公共交通部分	高100
墙裙	瓷砖墙面	西南04J515,P5,N12	公共卫生间	高1800
外墙	外墙面砖墙面	西南04J516,P68,5409	详立面	现场定样

图2-4 材料装修表

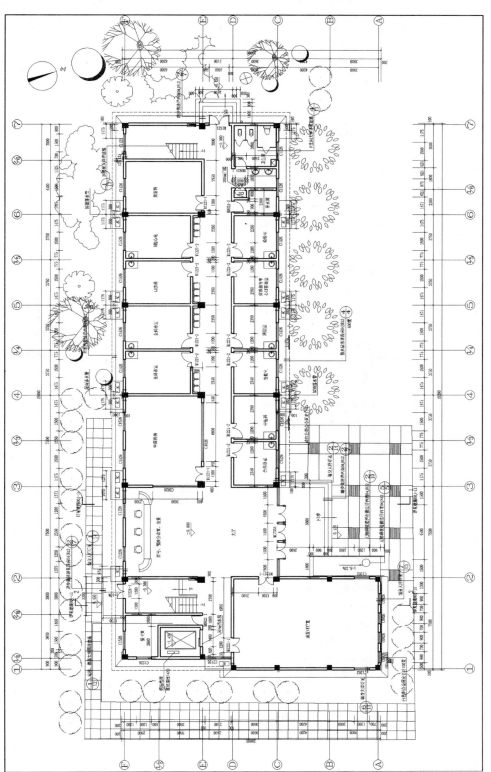

图 2-5　一层平面图（建筑面积 621.87 m²）

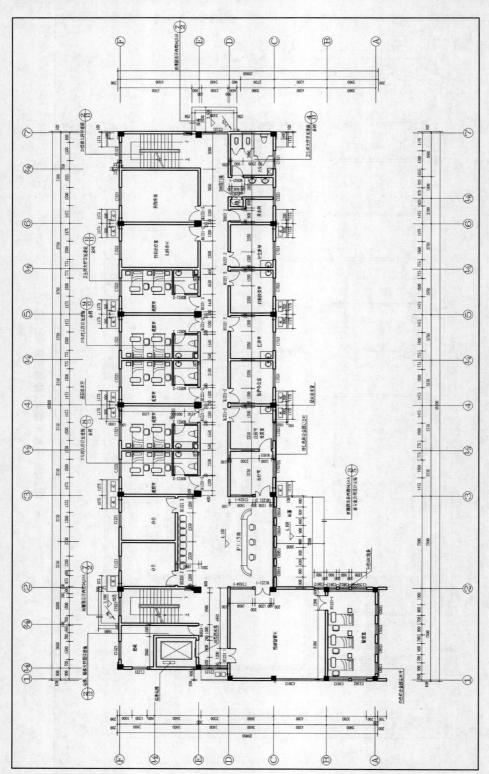

图 2-6 二层平面图（建筑面积 621.87 m²）

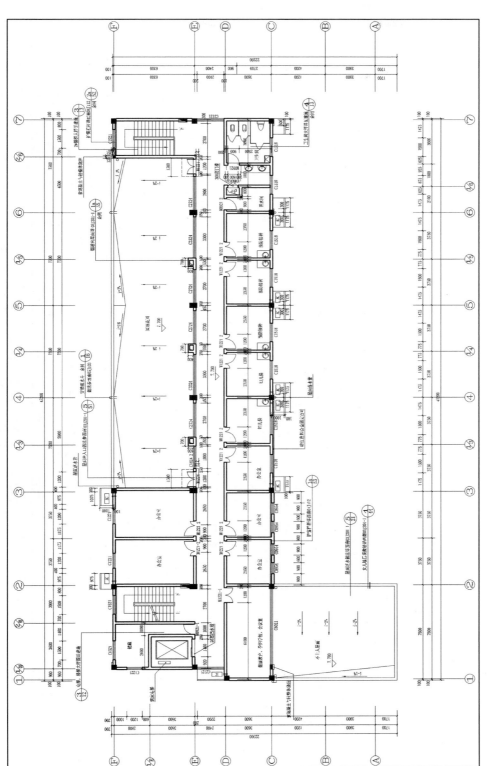

图 2-7　三层平面图（建筑面积 391.92 m²）

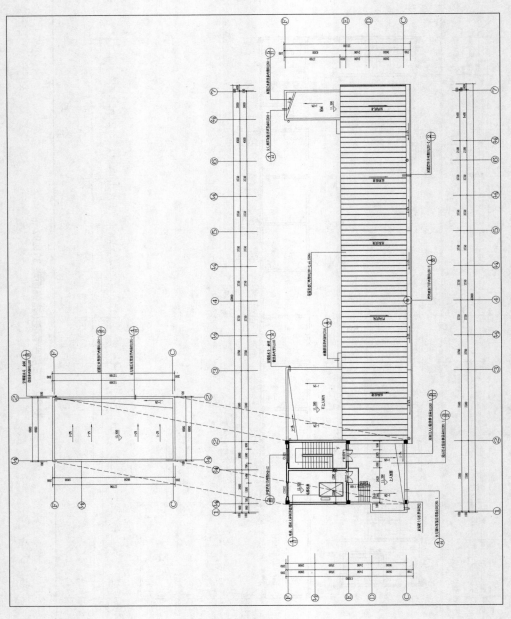

图 2-8 机房层平面图（建筑面积 43.78 m²）

图 2-9　Ⓒ ~ Ⓒ 立面图

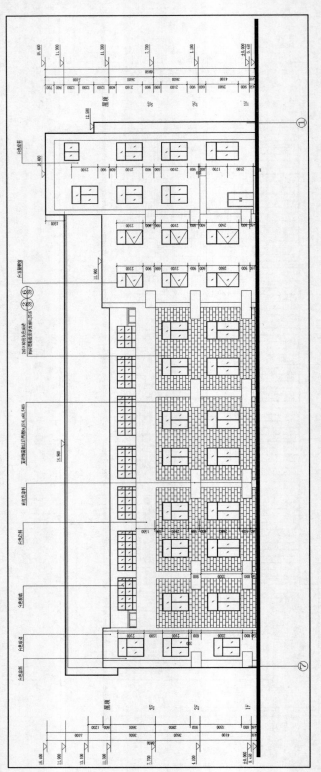

图 2-10 ⓒ ~ ⓒ 立面图

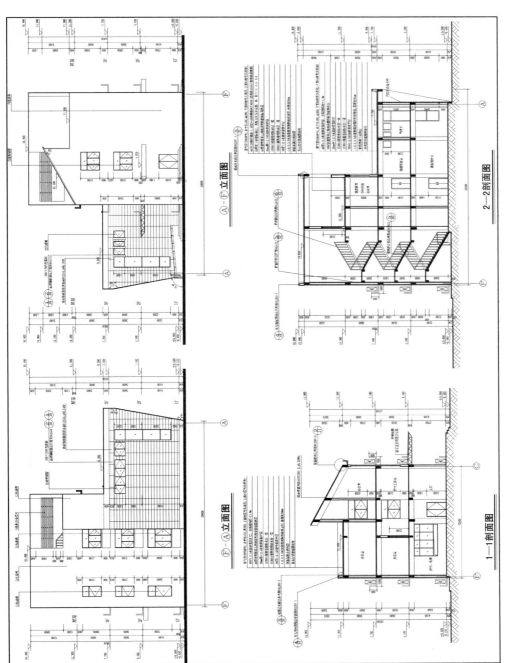

图 2-11 立面图及剖面图

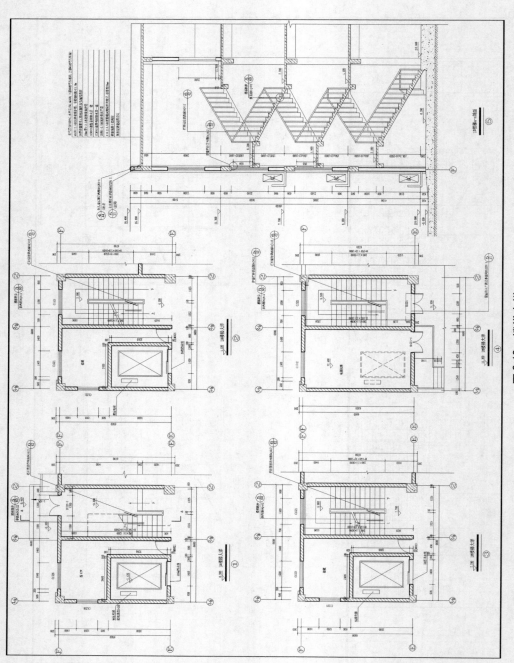

图 2-12 楼梯大样

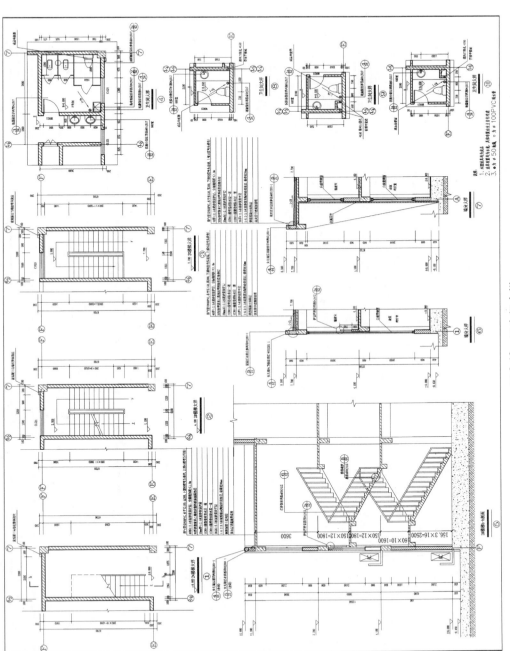

图 2-13 卫生间大样

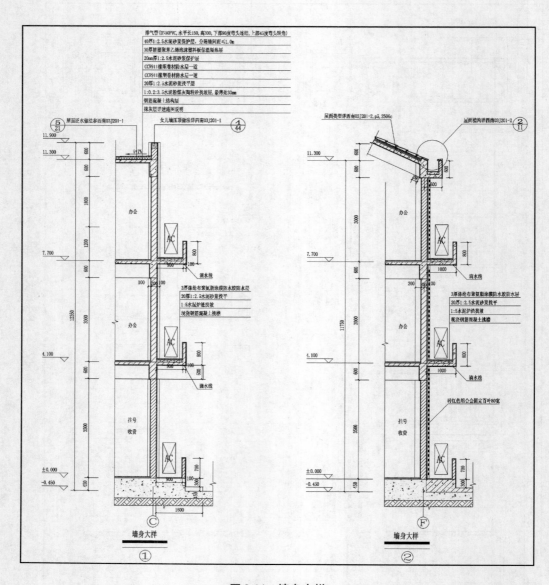

图 2-14　墙身大样

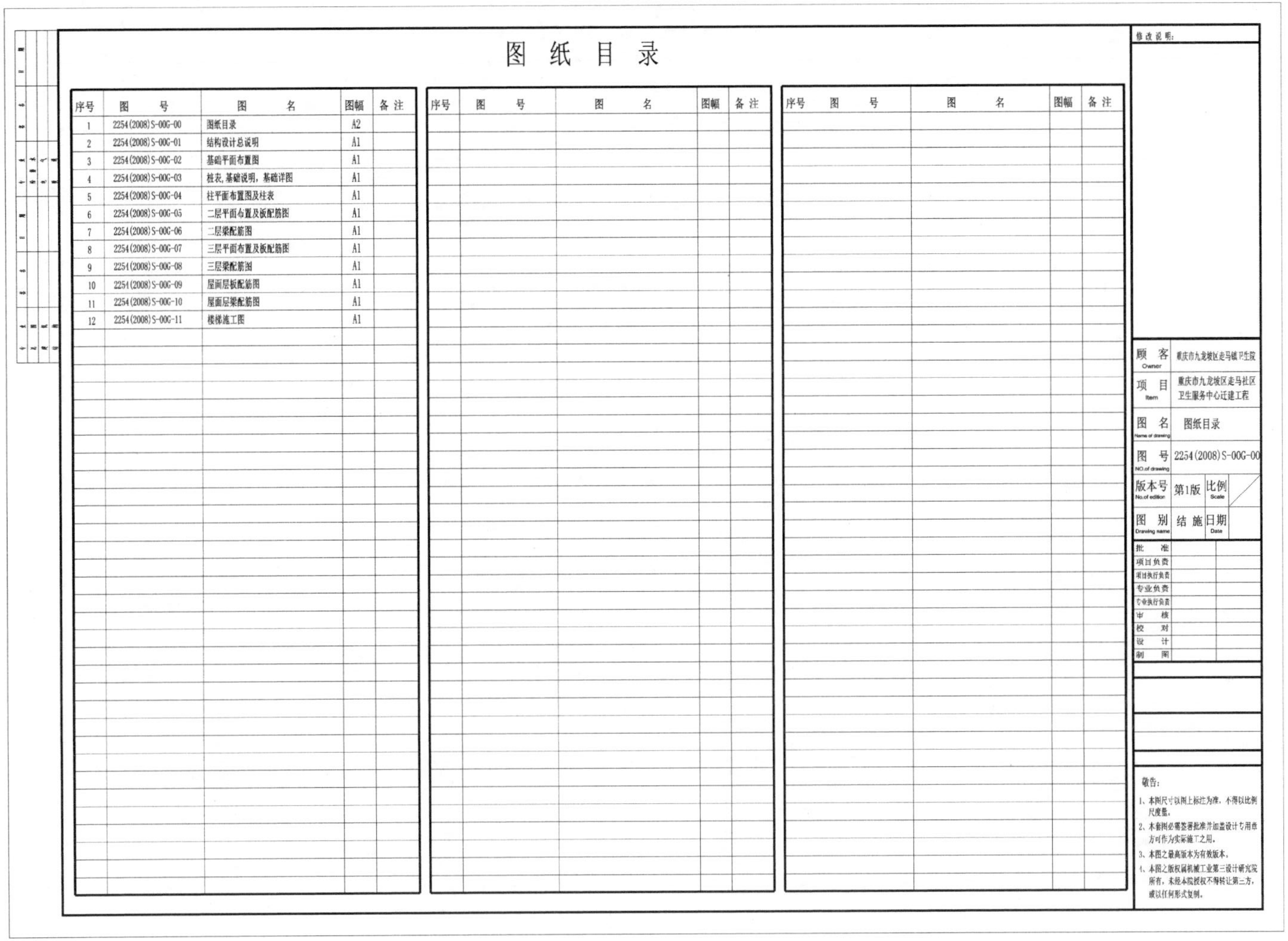

图 纸 目 录

序号	图 号	图 名	图幅	备注
1	2254(2008)S-00G-00	图纸目录	A2	
2	2254(2008)S-00G-01	结构设计总说明	A1	
3	2254(2008)S-00G-02	基础平面布置图	A1	
4	2254(2008)S-00G-03	桩表，基础说明，基础详图	A1	
5	2254(2008)S-00G-04	柱平面布置图及柱表	A1	
6	2254(2008)S-00G-05	二层平面布置及板配筋图	A1	
7	2254(2008)S-00G-06	二层梁配筋图	A1	
8	2254(2008)S-00G-07	三层平面布置及板配筋图	A1	
9	2254(2008)S-00G-08	三层梁配筋图	A1	
10	2254(2008)S-00G-09	屋面层板配筋图	A1	
11	2254(2008)S-00G-10	屋面层梁配筋图	A1	
12	2254(2008)S-00G-11	楼梯施工图	A1	

序号	图 号	图 名	图幅	备注

序号	图 号	图 名	图幅	备注

修改说明：

顾客 Owner	重庆市九龙坡区走马镇卫生院
项目 Item	重庆市九龙坡区走马社区卫生服务中心迁建工程
图名 Name of drawing	图纸目录
图号 NO.of drawing	2254(2008)S-00G-00
版本号 No.of edition	第1版　比例 Scale
图别 Drawing name	结施　日期 Date

批准
项目负责
项目执行负责
专业负责
专业执行负责
审核
校对
设计
制图

敬告：
1、本图尺寸以图上标注为准，不得以比例尺度量。
2、本套图必需签署批准并加盖设计专用章方可作为实际施工之用。
3、本图之最高版本为有效版本。
4、本图之版权属机械工业第三设计研究院所有，未经本院授权不得转让第三方，或以任何形式复制。

图 2-15　图纸目录

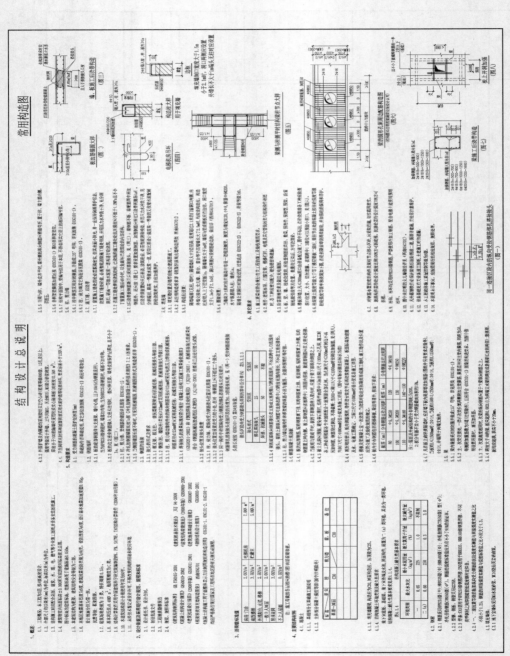

图 2-16　结构设计总说明

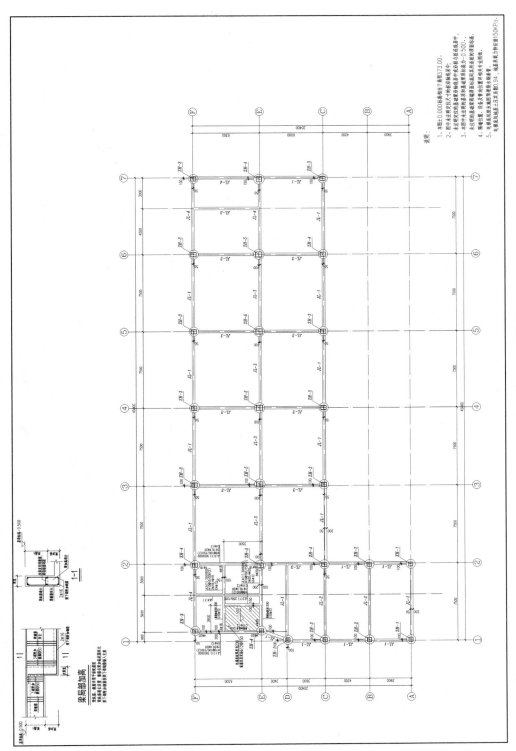

图 2-17 基础平面布置图

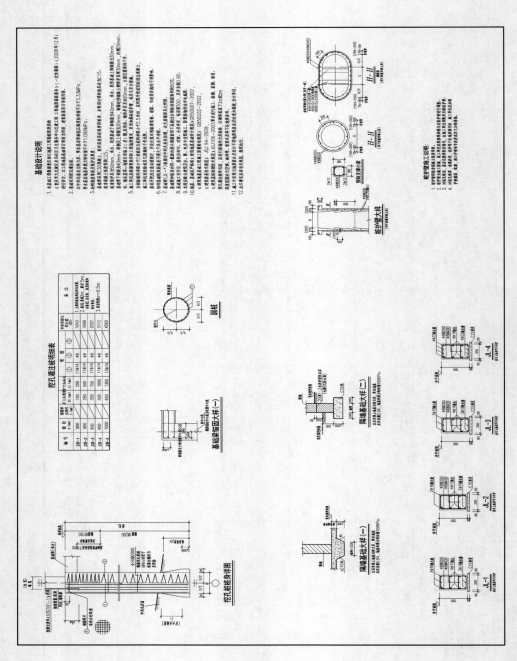

图 2-18　隔墙基础大样

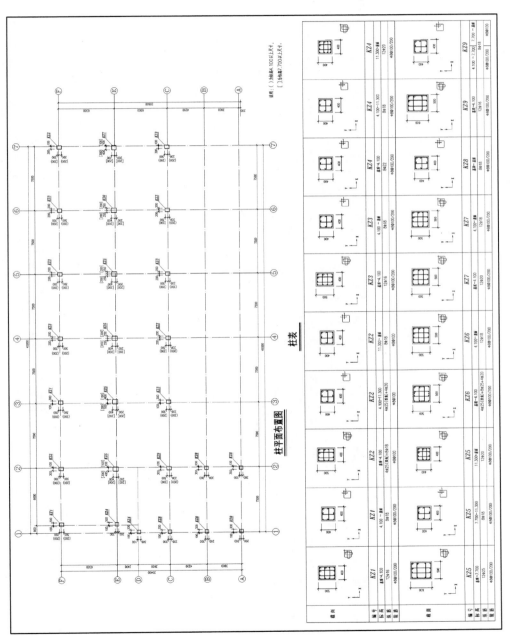

图 2-19 柱平面布置图

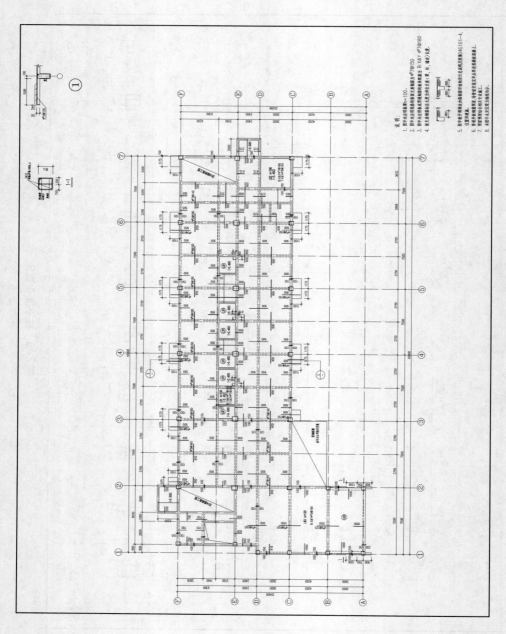

图 2-20　二层平面布置及板配筋图

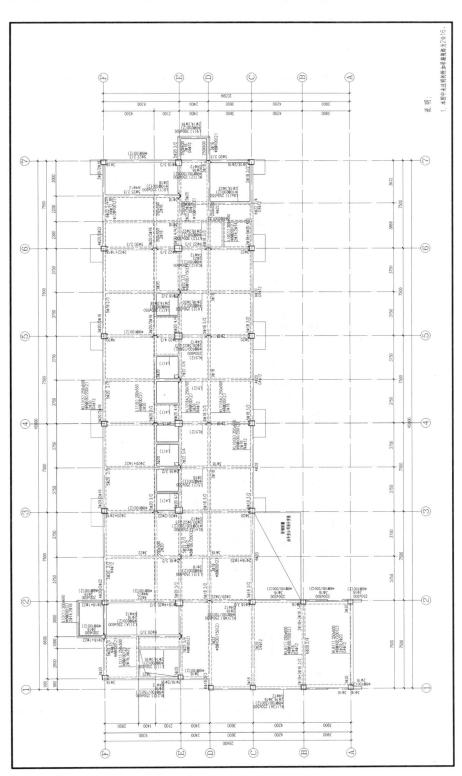

图 2-21　二层梁配筋图

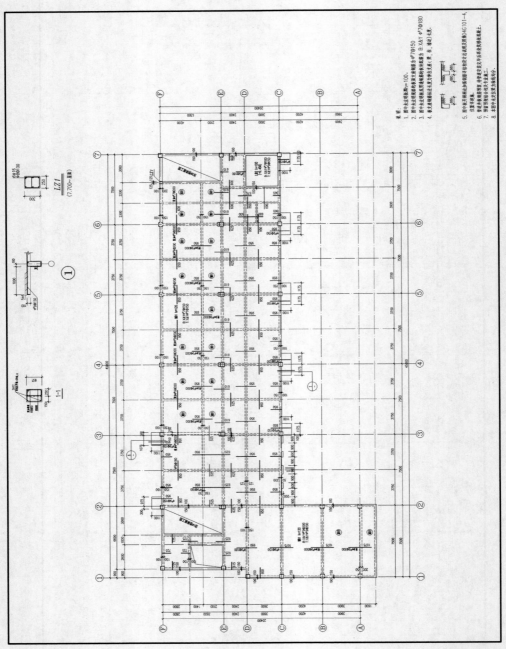

图2-22　三层平面布置及板配筋图

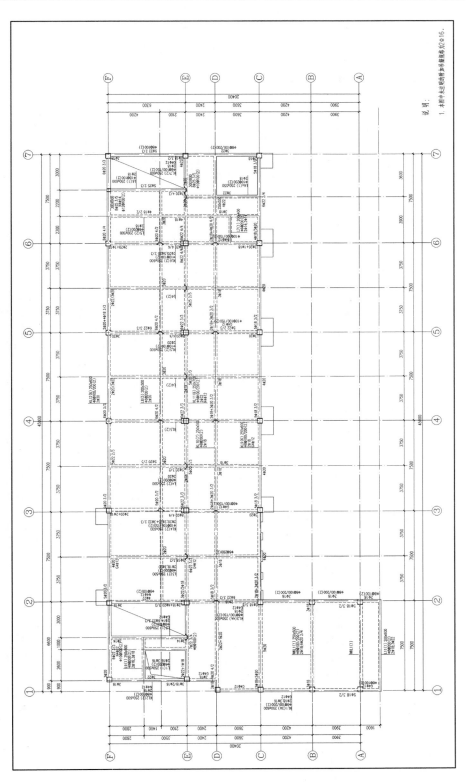

图 2-23 三层梁配筋图

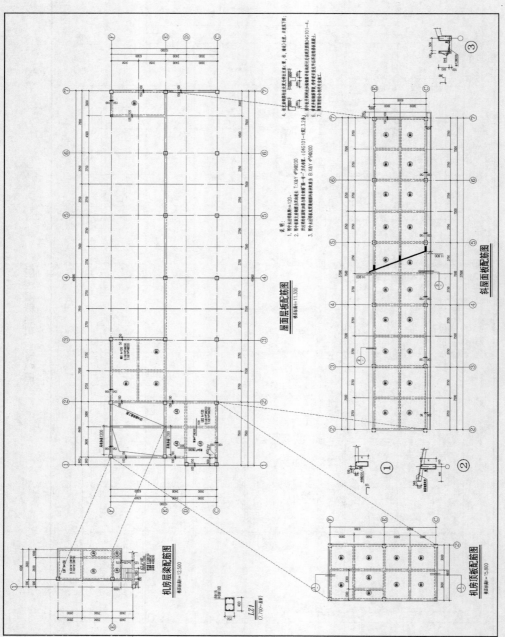

图 2-24 屋面层板配筋图

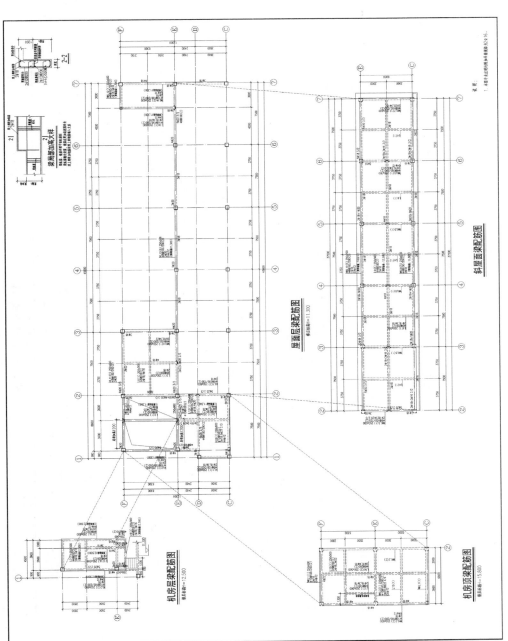

图 2-25 屋面层梁配筋

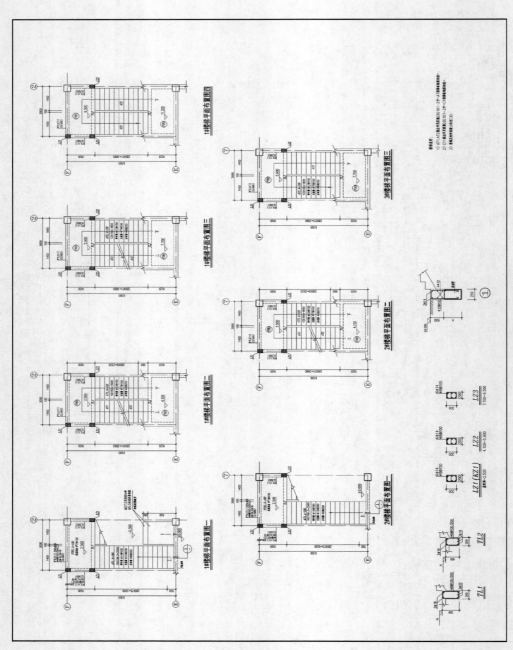

图 2-26 楼梯平面布置图

表2-27　重庆市建筑安装工程造价预(结)算书

（建筑工程）

建设单位:重庆市××卫生院　　　　　　工程名称:卫生服务中心迁建工程

建设地点:重庆市九龙坡区

施工单位:××建筑工程公司　　　　　　工程类别:四类

建设日期:××××年××月××日

工程规模:1 720.20 m²　　　　　　　　工程造价:2 122 418.67 元

单位造价:1 233.82 元/m²

建设(监理)单位:＿＿＿＿＿　　施工(编制)单位:＿＿＿＿＿　　审核单位:＿＿＿＿＿

审核人　　　　　　　　　　　编制人　　　　　　　　　　　审核人
资格证章:＿＿＿＿＿　　　　　资格证章:＿＿＿＿＿　　　　资格证章:＿＿＿＿＿

　年　　月　　日　　　　　　　年　　月　　日　　　　　　　年　　月　　日

表2-28　编制说明

1. 工程概况
　(1)工程名称:卫生服务中心迁建工程。
　(2)建筑面积或容积:1 720.20 m²。
　(3)建筑层数和高度:地上3层,建筑高度16.4 m。
　(4)工程设计主要特点概述:略。
2. 编制范围:建筑工程部分
3. 编制依据:①卫生服务中心迁建工程施工图;②卫生服务中心迁建工程施工组织设计;③2008 年
《重庆市建筑工程计价定额》、《重庆市建设工程费用定额》;④现场情况。
4. 其他说明:无
5. 造价汇总:2 122 418.67 元

表 2-29 工程取费表

工程名称：卫生服务中心迁建工程

序号	费用名称	计算公式	费率（%）	金额（元）	备注
一	直接费	直接工程费＋组织措施费＋允许按实计算费用及价差		1 789 759	
1	直接工程费	人工费＋材料费＋机械费		997 951.38	
1.1	人工费	定额人工费		198 696.51	
1.2	材料费	定额材料费		747 879.58	
1.3	机械费	定额机械费		51 375.29	
2	组织措施费	环境保护费＋临时设施费＋夜间施工费＋冬雨季施工增加费＋二次搬运费＋包干费＋已完工程及设备保护费＋工程定位复测、点交及场地清理费＋材料检验实验费		51 993.27	
2.1	环境保护费	直接工程费×规定费率	0.3	2 993.85	
2.2	临时设施费	直接工程费×规定费率	1.7	16 965.17	
2.3	夜间施工费	直接工程费×规定费率	0.67	6 686.27	
2.4	冬雨季施工增加费	直接工程费×规定费率	0.52	5 189.35	
2.5	二次搬运费	直接工程费×规定费率	0.4	3 991.81	
2.6	包干费	直接工程费×规定费率	1.2	11 975.42	
2.7	已完工程及设备保护费	直接工程费×规定费率	0.15	1 496.93	
2.8	工程定位复测、点交及场地清理费	直接工程费×规定费率	0.13	1 297.34	
2.9	材料检验实验费	直接工程费×规定费率	0.14	1 397.13	
3	允许按实计算费用及价差	人工费价差＋材料费价差＋机械费价差＋按实计算费用＋其他		739 814.35	
3.1	人工费价差	人工价差		174 852.74	

续表 2-29

序号	费用名称	计算公式	费率(%)	金额(元)	备注
3.2	材料费价差	材料价差		547 239.46	
3.3	机械费价差	机械价差		7 198.15	
3.4	按实计算费用	按实计算费		10 524	
3.5	其他				
二	间接费	企业管理费+规定费率		141 409.71	
4	企业管理费	直接工程费×规定费率	9.3	92 809.48	
5	规费	直接工程费×规定费率	4.87	48 600.23	
三	利润	直接工程费×规定费率	2.8	27 942.64	
四	安全文明施工专项费	1 720.20×7.5		12 901.50	
五	工程定额测定费	(直接费+间接费+利润+安全文明施工专项费)×规定费率	0.14	2 760.82	
六	税金	(直接费+间接费+利润+安全文明施工专项费+工程定额测定费)×规定税率	3.41	67 339.78	
七	工程造价	直接费+间接费+利润+安全文明施工专项费+工程定额测定费+税金		2 122 418.67	

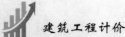
表 2-30　工程预（结）算表

工程名称：卫生服务中心迁建工程

序号	定额编号	项目名称	单位	工程量	单价（元）	合价（元）	人工费（元）单价	人工费（元）合价	材料费（元）单价	材料费（元）合价	机械费（元）单价	机械费（元）合价
		第三章　基础工程										
1	AC0008	混凝土护壁 商品混凝土 C25	10 m³	11.55	1 797.24	20 754.53	162	1 870.78	1 635.24	18 883.75		
2	AC0009	混凝土护壁 模板	10 m³	11.55	1 645.03	18 996.81	886.25	10 234.42	702.37	8 110.97	56.41	651.42
3	AC0012	人工挖孔桩 商品混凝土 C25	10 m³	23.79	1 748.97	41 614.99	109	2 593.55	1 639.97	39 021.45		
4	AC0024	砖基础 200 砖 水泥砂浆 M5	10 m³	3.32	1 610.41	5 353	335	1 113.54	1 251.84	4 161.12	23.57	78.35
5	AC0030	带形基础 混凝土 商品混凝土 隔墙基础 C15	10 m³	0.86	1 750.03	1 505.03	110.75	95.25	1 639.28	1 409.78		
6	AC0042	筏板基础 商品混凝土 C30	10 m³	0.18	1 777.43	323.49	134.75	24.52	1 642.68	298.97		
7	AC0045	基础垫层 商品混凝土 基础梁及满基垫层 C15	10 m³	1.22	1 812.44	2 203.93	178	216.45	1 634.44	1 987.48		
8	AC0047	基础梁 商品混凝土 C30	10 m³	3.4	1 809.06	6 154.42	164.25	558.78	1 644.81	5 595.64		
9	AC0049	带形基础 混凝土 模板	10 m³	0.86	746.21	641.74	228.05	196.12	477.83	410.93	40.33	34.68
10	AC0057	筏板基础 模板	10 m³	0.18	68.1	12.39	38.75	7.05	26.39	4.8	2.96	0.54
11	AC0058	基础垫层 模板	10 m³	1.22	235.58	286.47	44.4	53.99	186.73	227.06	4.45	5.41
12	AC0059	基础梁 模板	10 m³	3.4	1 479.6	5 033.6	619.08	2 106.11	782.11	2 660.74	78.41	266.75
		第四章　脚手架工程										
13	AD0006	多层建筑综合脚手架 檐口高度（m）12 以内	100 m²	17.2	427.92	7 361.08	120.25	2 068.54	262.55	4 516.39	45.12	776.15
14	AD0021	建筑物垂直封闭 安全网	100 m²	16.61	387.93	6 443.91	53.25	884.54	334.68	5 559.37		

续表 2-30

序号	定额编号	项目名称	单位	工程量	单价（元）	合价（元）	人工费（元）		材料费（元）		机械费（元）	
							单价	合价	单价	合价	单价	合价
		第五章 砌筑工程										
15	AE0008	200 砖墙 水泥砂浆 M5 女儿墙	10 m³	2.48	1 810.58	4 488.43	540	1 338.66	1 247.01	3 091.34	23.57	58.43
16	AE0020	页岩空心砖墙 混合砂浆 M5	10 m³	46.88	1 406.12	65 923.12	337.5	15 823.01	1 053.1	49 372.49	15.52	727.62
17	AE0028	轻质实心隔板墙安装	100 m²	0.59	4 395.3	2 610.81	612	363.53	3 783.3	2 247.28		
18	AE0034	砖砌台阶 水泥砂浆 M5	10 m²	4.59	398.11	1 828.92	121.5	558.17	271.44	1 247	5.17	23.75
19	AE0038	零星砌体 混合砂浆 M5	10 m³	1.07	1 797.04	1 921.04	575	614.68	1 201.92	1 284.85	20.12	21.51
20	AE0040	砌体加筋	t	1.51	3 205.9	4 850.21	522.5	790.49	2 683.4	4 059.72		
		第六章 混凝土及钢筋混凝土工程										
21	AF0002	矩形柱 商品混凝土 C30	10 m³	6.49	1 971.58	12 789.64	330.25	2 142.33	1 641.33	10 647.31		
22	AF0008	构造柱 商品混凝土 C20	10 m³	2.66	2 050.7	5 463.06	409.75	1 091.57	1 640.95	4 371.49		
23	AF0008	构造柱 商品混凝土 C25	10 m³	0.15	2 050.7	315.81	409.75	63.1	1 640.95	252.71		
24	AF0010	圈梁 商品混凝土 C20	10 m³	0.47	2 039.46	960.59	385.5	181.57	1 653.96	779.02		
25	AF0026	有梁板 商品混凝土 C30	10 m³	32.9	1 814.97	59 712.51	156.25	5 140.63	1 658.72	54 571.89		
26	AF0034	悬挑板、雨篷板 商品混凝土 C30	10 m²	4.42	186.7	825.77	9	39.81	177.7	785.97		
27	AF0036	直形楼梯 商品混凝土 C30	10 m²	12.17	489.2	5 953.56	99.25	1 207.87	389.95	4 745.69		
28	AF0046	天沟（挑檐）商品混凝土 C30	10 m³	0.31	2 065	633.96	395	121.27	1 670	512.69		
29	AF0048	零星构件 商品混凝土 C25	10 m³	0.2	2 210.02	446.42	519.5	104.94	1 690.52	341.49		

续表 2-30

序号	定额编号	项目名称	单位	工程量	单价（元）	合价（元）	人工费（元）单价	人工费（元）合价	材料费（元）单价	材料费（元）合价	机械费（元）单价	机械费（元）合价
30	AF0056	矩形柱 周长 2 m 以内 现浇混凝土模板	10 m³	5.37	2 164.85	11 614.42	981.05	5 263.33	1 040.24	5 580.89	143.56	770.2
31	AF0057	矩形柱 周长 3 m 以内 现浇混凝土模板	10 m³	1.12	1 385.28	1 554.28	589.88	661.85	709.06	795.57	86.34	96.87
32	AF0062	构造柱 现浇混凝土模板	10 m³	2.82	2 061.2	5 808.46	863	2 431.93	1 110.1	3 128.26	88.1	248.27
33	AF0067	圈梁（过梁）现浇混凝土模板	10 m³	0.47	1 946.67	916.88	544.55	256.48	1 402.12	660.4		
34	AF0073	有梁板 现浇混凝土模板	10 m³	32.9	1 564.35	51 467.12	676.03	22 241.39	754.62	24 827	133.7	4 398.73
35	AF0079	板模板 悬挑板、雨篷板 零星构件	10 m³	0.44	2 457.74	1 087.06	1 368	605.07	1 071.6	473.97	18.14	8.02
36	AF0080	其他构件模板 楼梯 直形	10 m²	12.17	403.88	4 915.22	185	2 251.45	186.56	2 270.44	32.32	393.33
37	AF0084	其他构件模板 挑檐、天沟	10 m³	0.31	2 499.63	767.39	1 190.75	365.56	1 091.98	335.24	216.9	66.59
38	AF0085	其他构件模板 零星构件	10 m³	0.2	2 457.74	496.46	1 368	276.34	1 071.6	216.46	18.14	3.66
39	AF0183	过梁 预制混凝土	10 m³	0.26	2 146.61	562.41	338	88.56	1 625.78	425.95	182.83	47.9
40	AF0219	过梁 预制混凝土模板	10 m³	0.26	1 031.63	270.29	458.75	120.19	570.19	149.39	2.69	0.7
41	AF0260	梁 预制构件安装、接头灌浆	10 m³	0.26	720.68	188.82	197	51.61	227.29	59.55	296.39	77.65
42	AF0280	现浇钢筋	t	85.01	3 035.19	258 009.36	223.75	19 020.09	2 748.84	233 667.89	62.6	5 321.38
43	AF0281	预制钢筋	t	0.65	3 040.72	1 982.55	248.5	162.02	2 722.99	1 775.39	69.23	45.14
44	AF0290	预埋铁件制作安装	t	1.02	5 264.37	5 369.66	1 012.5	1 032.75	3 475.81	3 545.33	776.06	791.58
45	AF0291	电渣压力焊	10 个	84.2	46.28	3 896.78	20	1 684	9.43	794.01	16.85	1 418.77

续表2-30

序号	定额编号	项目名称	单位	工程量	单价（元）	合价（元）	人工费（元）		材料费（元）		机械费（元）	
							单价	合价	单价	合价	单价	合价
46	AF0292	机械连接 钢筋直径（mm）25以内	10个	53.4	97.1	5 185.14	43.75	2 336.25	40.83	2 180.32	12.52	668.57
		第八章 门窗、木结构										
47	AH0001	镶板门门制作 框断面52 cm² 全板 夹板门	100 m²	0.25	5 851.2	1 451.1	880.25	218.3	4 640.91	1 150.95	330.04	81.85
48	AH0002	镶板门门制作 框断面52 cm² 半百叶 百叶夹板门	100 m²	0.14	6 474.83	912.95	1 002.25	141.32	5 067.05	714.45	405.53	57.18
49	AH0007	半截玻璃门门制作 框断面58 cm²镶板 带玻夹板门	100 m²	1.11	4 717.82	5 232.06	665.75	738.32	3 789.3	4 202.33	262.77	291.41
50	AH0010	门带窗制作 镶板 框断面52 cm²半玻 门带窗	100 m²	0.26	4 995.24	1 278.78	799.75	204.74	4 017.99	1 028.61	177.5	45.44
51	AH0018	镶板、胶合板 夹板门	100 m²	0.25	1 817.68	450.78	692.5	171.74	1 123.94	278.74	1.24	0.31
52	AH0019	镶板门 带百叶 百叶夹板门	100 m²	0.14	1 940.43	273.6	725.5	102.3	1 213.51	171.1	1.42	0.2
53	AH0022	镶板、胶合板门安装 半玻夹板 带玻夹板门	100 m²	1.11	2 312.49	2 564.55	717	795.15	1 594.31	1 768.09	1.18	1.31
54	AH0024	镶板、胶合板门带窗门带窗安装 半玻 门带窗	100 m²	0.26	2 854.9	730.85	783	200.45	2 070.83	530.13	1.07	0.27
55	AH0069	塑钢门窗 窗 成品安装	100 m²	3.36	7 440	24 998.4	1 560	5 241.6	5 880	19 756.8		
56	AH0072	金属百叶窗 成品安装	100 m²	1.41	6 805	9 602.54	925	1 305.27	5 880	8 297.27		
57	AH0073	防火门 成品安装	100 m²	0.05	12 150	607.5	2 350	117.5	9 800	490		

续表 2-30

序号	定额编号	项目名称	单位	工程量	单价(元)	合价(元)	人工费(元) 单价	人工费(元) 合价	材料费(元) 单价	材料费(元) 合价	机械费(元) 单价	机械费(元) 合价
58	AH0090	成品门窗塞缝	100 m	11.05	72.23	797.92	62.5	690.44	9.73	107.49		
		第九章 楼地面工程										
59	AI0014	找平层 水泥砂浆 1:2.5 厚度 20 mm 在混凝土或硬基层上 屋面	100 m²	4.14	563.55	2 334.22	195	807.69	349	1 445.56	19.55	80.98
60	AI0014 换	找平层 水泥砂浆 1:2.5 厚度 20 mm 在混凝土或硬基层上 实际厚度(mm):15 水泥砂浆(特细砂)1:3 瓦屋面	100 m²	2.75	420.91	1 158.77	159.75	439.79	246.78	679.39	14.38	39.59
61	AI0015	找平层 水泥砂浆 1:2.5 厚度 20 mm 在填充材料上 屋面	100 m²	4.14	612.64	2 537.55	200	828.4	388.49	1 609.13	24.15	100.03
62	AI0018 D35	找平层 细石混凝土 30 mm 商品混凝土 C15 实际厚度(mm):35 瓦屋面	100 m²	2.75	862.03	2 373.17	154.5	425.34	707.53	1 947.83		
63	AI0018 D40	找平层 细石混凝土 厚度 30 mm 商品混凝土 C20 实际厚度(mm):40 屋面	100 m²	0.43	970.79	415.5	177.5	75.97	793.29	339.53		
64	AI0021 D40	楼地面 水泥砂浆 1:2.5 厚度 20 mm 实际厚度(mm):40 屋面保护层	100 m²	3.71	1 135.56	4 217.47	397.75	1 477.24	692.98	2 573.73	44.83	166.5

续表 2-30

序号	定额编号	项目名称	单位	工程量	单价(元)	合价(元)	人工费(元) 单价	合价	材料费(元) 单价	合价	机械费(元) 单价	合价
65	AI0021	楼地面 水泥砂浆 1:2.5 厚度 20 mm 储藏用房	100 m²	0.23	661.6	151.51	256.75	58.8	380.7	87.18	24.15	5.53
66	AI0069	地面砖 楼地面 水泥砂浆 勾缝 一般房间及公共部分	100 m²	12.84	4 770.96	61 235.27	800.75	10 277.63	3 950.38	50 703.13	19.83	254.52
67	AI0069	防滑地面砖 楼地面 水泥砂浆 勾缝卫生间	100 m²	0.55	4 770.96	2 604.94	800.75	437.21	3 950.38	2 156.91	19.83	10.83
68	AI0071	地面砖 楼梯 水泥砂浆 楼梯间	100 m²	1.22	8 177.54	9 952.07	2 035.25	2 476.9	6 115.5	7 442.56	26.79	32.6
69	AI0073	地面砖 踢脚板 水泥砂浆	100 m	12.43	915.98	11 381.05	269.75	3 351.64	643.93	8 000.83	2.3	28.58
70	AI0098	钢管扶手 型钢栏杆	10 m	7.94	590.33	4 688.4	61.5	488.43	467.22	3 710.66	61.61	489.31
71	AI0100	钢管 弯头	10 个	1.6	68.27	109.23	43	68.8	9.51	15.22	15.76	25.22
72	AI0116	混凝土排水坡 商品混凝土 厚度 60 mm	100 m²	0.69	1 950.46	1 353.62	359	249.15	1 591.46	1 104.47		
73	AI0119	防滑坡道	100 m²	0.1	833.88	85.06	359.75	36.69	449.41	45.84	24.72	2.52
		第十章　屋面工程										
74	AJ0002	石棉瓦 钢(混凝土)檩上	100 m²	2.75	1 696.46	4 670.35	187.75	516.88	1 508.71	4 153.48		
75	AJ0012 *2	CCR911 橡塑防水卷材二道 干铺 子目乘以系数 2 屋面	100 m²	5.18	3 572.94	18 511.4	480	2 486.88	3 092.94	16 024.52		
76	AJ0026	改性沥青涂膜防水 厚度 1 mm 瓦屋面	100 m²	2.75	1 056.01	2 907.2	156.75	431.53	899.26	2 475.66		

续表 2-30

序号	定额编号	项目名称	单位	工程量	单价（元）	合价（元）	人工费（元）单价	人工费（元）合价	材料费（元）单价	材料费（元）合价	机械费（元）单价	机械费（元）合价
77	AJ0036	丙烯酸脂防水涂料 涂膜防水（潮）平面 卫生间地面	100 m²	0.55	1 974.61	1 078.14	166.5	90.91	1 808.11	987.23		
78	AJ0037	丙烯酸脂防水涂料 涂膜防水（潮）立面 卫生间墙裙	100 m²	1.23	2 148.3	2 640.26	249.75	306.94	1 898.55	2 333.32		
79	AJ0040	外隔墙 20 厚 1:2 水泥防水砂浆 平面内掺 5% 防水剂	100 m²	0.26	705.57	184.86	254.25	66.61	431.77	113.12	19.55	5.12
80	AJ0079	塑料水落管（直径 mm）Φ110	10 m	8.36	212.25	1 774.41	24	200.64	188.25	1 573.77		
		第十一章 防腐隔热保温工程										
81	AK0136	屋面保温 水泥陶粒	10 m³	3.31	1 493.75	4 950.29	179.75	595.69	1 314	4 354.6		
82	AK0139	屋面保温 30 厚挤塑聚苯乙烯 泡沫塑料保温板 干铺	100 m²	6.9	2 154.5	14 857.43	114.5	789.59	2 040	14 067.84		
		第十二章 装饰工程										
83	AL0004	水泥砂浆 墙面、墙裙 轻质墙 内墙抹灰	100 m²	44.47	725.26	32 251.59	369.5	16 431.3	333.34	14 823.3	22.42	996.99
84	AL0040	钢丝网加固 不同材质交接处 铺挂	100 m²	25.56	644.5	16 470.2	209.5	5 353.77	435	11 116.43		
85	AL0071	水泥砂浆粘贴内墙面砖 墙裙 卫生间墙裙	100 m²	1.23	3 781.52	4 647.49	1 295.75	1 592.48	2 466.22	3 030.98	19.55	24.03
86	AL0085	外墙面砖 墙面 水泥砂浆粘贴 密缝	100 m²	4.68	4 496.01	21 054.81	1 420.5	6 652.2	3 051.94	14 292.24	23.57	110.38

续表 2-30

序号	定额编号	项目名称	单位	工程量	单价(元)	合价(元)	人工费(元) 单价	人工费(元) 合价	材料费(元) 单价	材料费(元) 合价	机械费(元) 单价	机械费(元) 合价
87	AI0258	外墙涂料 抹灰面	100 m²	10	673.7	6 737	164.5	1 645	467.11	4 671.1	42.09	420.9
88	AI0004	水泥砂浆 墙面、墙裙 轻质墙 外墙抹灰	100 m²	10	725.26	7 252.6	369.5	3 695	333.34	3 333.4	22.42	224.2
89	AI0239	刮腻子 二遍 外墙面	100 m²	10	155.21	1 552.1	101.25	1 012.5	53.96	539.6		
90	AI0136	天棚抹灰 混凝土面 水泥砂浆	100 m²	16.5	602.06	9 936.4	366.75	6 052.84	220.94	3 646.39	14.37	237.16
91	AI0173	天棚面层 铝合金扣板	100 m²	0.54	5 655.81	3 065.45	300	162.6	5 355.81	2 902.85		
92	AI0239	刮腻子 二遍 内墙天棚面	100 m²	21.77	155.21	3 379.39	101.25	2 204.52	53.96	1 174.87		
93	AI0247	乳胶漆 内墙面 二遍	100 m²	14.84	366.01	5 431.22	136.25	2 021.81	229.76	3 409.41		
94	AI0247	乳胶漆 天棚面 二遍	100 m²	6.93	366.01	2 537.55	136.25	944.62	229.76	1 592.93		
		第十三章　其他工程										
95	AM0005	多、高层 檐口高度（m 以内）20	100 m²	17.2	1 253.19	21 557.37					1 253.19	21 557.37
96	AM0050	固定式基础（带配重）	座	1	5 565.94	5 565.94	1 141.25	1 141.25	4 388.06	4 388.06	36.63	36.63
97	AM0053	机械安拆 自升式塔式起重机 安拆400 kN·m 以内	台次	1	5 550.97	5 550.97	1 700	1 700	94	94	3 756.97	3 756.97
98	AM0069	机械场外运输 自升式塔式起重机 400 kN·m 以内	台次	1	6 386.49	6 386.49	720	720	377.1	377.1	5 289.39	5 289.39
		合计				997 951.38		198 696.51		747 879.58		51 375.29

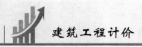

表 2-31　人工费、材料费价差调整表

工程名称：卫生服务中心迁建工程

序号	材料名称及规格	单位	数量	基价（元）	基价合计（元）	调整价（元）	单价差（元）	价差合计（元）	备注
一	人工费价差								
1	综合工日	工日	7 947.851 9	25	198 696.3	47	22	174 852.74	
	合计							174 852.74	
二	材料费价差	元							
1	水泥 32.5	kg	143 272.87	0.25	35 818.22	0.4	0.15	21 490.93	
2	商品混凝土 C15	m³	36.592 3	160	5 854.77	310	150	5 488.85	
3	商品混凝土 C20	m³	33.797 7	160	5 407.63	320	160	5 407.63	
4	商品混凝土 C25	m³	364.119 6	160	58 259.14	325	165	60 079.73	
5	商品混凝土 C30	m³	475.420 4	160	76 067.26	335	175	83 198.57	
6	水泥粉煤灰陶粒 1:0.2:3.5	m³	34.465 6	125	4 308.2	300	175	6 031.48	
7	缆风桩木	m³	0.017 2	600	10.32	1 080	480	8.26	
8	锯材	m³	36.393 6	850	30 934.56	1 350	500	18 196.8	
9	枕木	m³	0.006	850	5.1	1 350	500	3	
10	钢材	t	2.639 5	2 600	6 862.7	4 100	1 500	3 959.25	
11	钢筋	t	88.617 2	2 600	230 404.72	4 100	1 500	132 925.8	
12	钢筋	kg	104.408	2.6	271.46	4.1	1.5	156.61	
13	特细砂	t	447.976 5	25	11 199.41	47	22	9 855.48	
14	碎石 5～31.5 mm	t	3.736 3	25	93.41	41	16	59.78	
15	碎石 5～40 mm	t	0.058 9	25	1.47	40	15	0.88	
16	碎石 5～60 mm	t	13.8	25	345	39	14	193.2	
17	标准砖 200×95×53	千块	145.934	130	18 971.42	300	170	24 808.78	
18	标准砖 240×115×53	千块	11.370 5	180	2 046.69	310	130	1 478.17	

续表 2-31

序号	材料名称及规格	单位	数量	基价（元）	基价合计（元）	调整价（元）	单价差（元）	价差合计（元）	备注
19	页岩空心砖	m³	303.801 8	95	28 861.17	170	75	22 785.14	
20	防火门	m²	4.9	100	490	450	350	1 715	
21	塑钢窗	m²	329.28	60	19 756.8	235	175	57 624	
22	金属百叶窗	m²	138.287 8	60	8 297.27	216	156	21 572.9	
23	临设摊销钢材	t	1.543 8	2 600	4 013.88	4 100	1 500	2 315.7	
24	临设摊销原木	m³	3.087 7	600	1 852.62	1 080	480	1 482.1	
25	临设摊销水泥	t	5.513 7	250	1 378.43	400	150	827.06	
26	临设摊销标准砖	千块	28.297 9	180	5 093.62	310	130	3 678.73	
27	30 厚挤塑聚苯乙烯泡沫塑料保温板	m²	703.392	20	14 067.84	55	35	24 618.72	
28	CCR911 橡塑防水卷材	m²	1 191.63	12	14 299.56	35	23	27 407.49	
29	改性沥青涂膜防水材料	kg	490.034	5	2 450.17	10	5	2 450.17	
30	丙烯酸脂防水涂料	kg	663.444 6	5	3 317.22	8	3	1 990.33	
31	支撑钢管及扣件	kg	1 967.209 4	2.9	5 704.91	4.6	1.7	3 344.26	
32	脚手架钢材	kg	879.366 2	2.9	2 550.16	4.6	1.7	1 494.92	
33	水	m³	737.173 8	2	1 474.35	2.8	0.8	589.74	
	合计	元						547 239.46	
三	机械费价差								
1	柴油	kg	976.843 1	2.5	2 442.11	5.9	3.4	3 321.27	
2	汽油	kg	182.536 9	3	547.61	5.9	2.9	529.36	
3	人工	工日	152.159 8	28	4 260.47	50	22	3 347.52	
	合计							7 198.15	

工程名称：卫生服务中心迁建工程

表 2-32　按时计算费用表

序号	费用名称	单位	数量	单价（元）	合价（元）	备注
1	白色 GRC 线条	m	16.3	50	10 524	
2	轻钢雨篷	m²	27.74	350	815	
					9 709	
合计		元			10 524	

工程名称：卫生服务中心迁建工程

表 2-33　工程取费表

序号	费用名称	计算公式	费率(%)	金额(元)	备注
一	直接费	直接工程费＋组织措施费＋允许按实计算费用及价差		58 022.62	
1	直接工程费	人工费＋材料费＋机械费＋未计价材料费		30 962.15	
1.1	人工费	人工费		28 422.01	
1.2	材料费	材料费		2 540.14	
1.3	机械费	机械费			
1.4	未计价材料费	主材费＋设备费			
2	组织措施费	环境保护费＋临时设施费＋夜间施工费＋冬雨季施工增加费＋工程定位复测、点交及场地清理费		4 263.3	
2.1	环境保护费	人工费	1	284.22	
2.2	临时设施费	人工费	6	1 705.32	
2.3	夜间施工费	人工费	4.62	1 313.1	
2.4	冬雨季施工增加费	人工费	2.38	676.44	
2.5	工程定位复测、点交及场地清理费	人工费	1	284.22	
3	允许按实计算费用及价差	人工费价差＋材料费价差＋机械费价差＋按实计算费用＋其他		22 797.17	
3.1	人工费价差	人工价差		21 962.46	
3.2	材料费价差	材料价差		834.71	
3.3	机械费价差	机械价差			
3.4	按实计算费用	按实计算费			

续表 2-33

序号	费用名称	计算公式	费率(%)	金额(元)	备注
3.5	其他				
二	间接费	企业管理费+规费		16 115.28	
4	企业管理费	人工费	36	10 231.92	
5	规费	人工费	20.7	5 883.36	
三	利润	人工费	12	3 410.64	
四	安全文明施工专项费				
五	工程定额测定费	(直接费+间接费+利润+安全文明施工专项费)×费率	0.14	108.57	
六	税金	(直接费+间接费+利润+安全文明施工专项费+工程定额测定费)×税率	3.41	2 648.11	
七	工程造价	直接费+间接费+利润+安全文明施工专项费+工程定额测定费+税金		80 305.22	

表 2-34　工程预(结)算表

工程名称：卫生服务中心迁建工程

序号	定额编号	项目名称	单位	工程量	单价(元)	合价(元)	人工费(元)		材料费(元)		机械费(元)	
							单价	合价	单价	合价	单价	合价
	第一章　土石方工程											
1	AA0003	人工挖沟槽土方(深度在 m 以内)2	100 m³	1.59	1 482.36	2 353.99	1 482.36	2 353.99				
2	AA0007	人工挖基坑土方(深度在 m 以内)2	100 m³	0.17	1 659.46	287.58	1 659.46	287.58				
3	AA0020	槽、坑夯实 原土	100 m²	0.86	41.14	35.5	41.14	35.5				
4	AA0083	挖土方(深度在 m 以内)8	10 m³	39.1	524.59	20 513.83	468.38	18 315.77	56.21	2 198.06		
5	AA0092	凿软质岩(深度在 m 以内)10	10 m³	4.23	815.86	3 452.39	735.02	3 110.31	80.84	342.08		
6	AA0024	人工平整场地	100 m²	9.01	139.48	1 256.71	139.48	1 256.71				

续表 2-34

序号	定额编号	项目名称	单位	工程量	单价（元）	合价（元）	人工费（元） 单价	合价	材料费（元） 单价	合价	机械费（元） 单价	合价
7	AA0011	人工运土方 运距 20 m 以内	100 m³	4.81	546.7	2 629.03	546.7	2 629.03				
8	AA0078	人力运石方 运距 20 m 以内	100 m³	0.42	1 023.44	433.12	1 023.44	433.12				
	合计					30 962.15		28 422.01		2 540.14		

表 2-35 人工费、材料费价差调整表

工程名称：卫生服务中心迁建工程

序号	材料名称及规格	单位	数量	基价（元）	基价合计（元）	调整价（元）	单价差（元）	价差合计（元）	备注
一	人工费价差	元							
1	土石方综合工日	工日	1 291.909 5	22	28 422.01	39	17	21 962.46	
	合计				28 422.01			21 962.46	
二	材料费价差	元							
1	临设摊销钢材	t	0.155 2	2 600	403.52	4 100	1 500	232.8	
2	临设摊销原木	m³	0.310 4	600	186.24	1 080	480	148.99	
3	临设摊销水泥	t	0.554 2	250	138.55	400	150	83.13	
4	临设摊销标准砖	千块	2.844 5	180	512.01	310	130	369.79	
	合计							834.71	

复习题

1. (　　)是指能够套用 2008 年《重庆市建筑工程计价定额》计算的措施项目费。

　　A. 措施费 　　　　　　　　　　　　B. 技术措施费

　　C. 组织措施费 　　　　　　　　　　D. 措施项目费

2. (　　)是指以费率形式计算的措施项目费。

　　A. 措施费 　　　　　　　　　　　　B. 技术措施费

　　C. 措施项目费 　　　　　　　　　　D. 组织措施费

3. (　　)包括人工费、材料费和施工机械使用费。

　　A. 直接费 　　　　　　　　　　　　B. 直接工程费

　　C. 分部分项工程费 　　　　　　　　D. 其他直接费

4. 企业管理费和规费组成(　　)。

　　A. 直接费 　　　　　　　　　　　　B. 间接费

　　C. 组织措施费 　　　　　　　　　　D. 其他项目费

5. (　　)是指为完成工程项目施工,发生于该工程施工前和施工过程中非工程实体项目的技术和组织措施费用。

　　A. 规费 　　　　　　　　　　　　　B. 临时设施费

　　C. 其他项目费 　　　　　　　　　　D. 措施费

6. (　　)是指政府和有关权力部门规定必须缴纳的费用。

　　A. 环境保护费 　　　　　　　　　　B. 安全文明施工费

　　C. 规费 　　　　　　　　　　　　　D. 社会保险费

7. 下列中的(　　)属于包干费。

　　A. 二次搬运费 　　　　　　　　　　B. 夜间施工费

　　C. 材料代用 　　　　　　　　　　　D. 检验试验费

8. 施工现场的下列设施中,(　　)属于临时设施。

　　A. 文化娱乐用房 　　　　　　　　　B. 施工道路硬化

　　C. 施工场地硬化 　　　　　　　　　D. 夜间照明设备摊销

9. (　　)属于技术措施费。

　　A. 施工机械使用费 　　　　　　　　B. 工程排污费

　　C. 工具用具使用费 　　　　　　　　D. 脚手架费

10. 临时设施费属于(　　)。

　　A. 措施费 　　　　　　　　　　　　B. 技术措施费

　　C. 组织措施费 　　　　　　　　　　D. 企业管理费

11. 工程排污费属于(　　)。

　　A. 直接工程费 　　　　　　　　　　B. 规费

　　C. 技术措施费 　　　　　　　　　　D. 企业管理费

12. 企业管理费包括下列中的(　　)。

　　A. 环境保护费　　　　　　　　B. 住房公积金

　　C. 差旅交通费　　　　　　　　D. 专业工程专用措施费

13. (　　)是指材料自来源地运至工地仓库或指定堆放地点所发生的全部费用。

　　A. 材料费　　　　　　　　　　B. 材料运杂费

　　C. 采购保管费　　　　　　　　D. 运输损耗费

14. (　　)是指材料在运输装卸过程中不可避免的损耗。

　　A. 材料费　　　　　　　　　　B. 材料运杂费

　　C. 采购保管费　　　　　　　　D. 运输损耗费

15. (　　)是指材料、工程设备的出厂价格或商家供应价格。

　　A. 材料原价　　　　　　　　　B. 材料费

　　C. 材料价格　　　　　　　　　D. 财务费

16. (　　)是指施工企业完成所承包工程获得的盈利。

　　A. 利润　　　　　　　　　　　B. 管理费

　　C. 包干费　　　　　　　　　　D. 税金

17. 企业为施工生产筹集资金或提供预付款担保、履约担保、职工工资支付担保等所发生的各种费用称为(　　)。

　　A. 工会经费　　　　　　　　　B. 财产保险费

　　C. 财务费　　　　　　　　　　D. 固定资产使用费

18. 建筑工程划分为(　　)类。

　　A. 2　　　　　　　　　　　　B. 3

　　C. 4　　　　　　　　　　　　D. 5

19. 工程类别是按(　　)划分的。

　　A. 专业工程　　　　　　　　　B. 单位工程

　　C. 单项工程　　　　　　　　　D. 分部工程

20. 建筑工程具有不同使用功能时,应按其主要功能和(　　)确定工程类别。

　　A. 建筑高度　　　　　　　　　B. 建筑层高

　　C. 建筑面积大小　　　　　　　D. 建筑物长度

21. 计算组织措施费、间接费和利润时,下列工程中的(　　),以定额基价直接工程费为计算基础。

　　A. 建筑工程　　　　　　　　　B. 安装工程

　　C. 装饰工程　　　　　　　　　D. 人工土石方工程

22. 计算组织措施费、间接费和利润时,下列工程中的(　　),以定额基价直接工程费为计算基础。

　　A. 安装工程　　　　　　　　　B. 市政工程

　　C. 装饰工程　　　　　　　　　D. 人工土石方工程

23. 计算组织措施费、间接费和利润时,下列工程中的(　　),以定额基价人工费为计算基础。

A. 建筑工程　　　　　　　　　　　　B. 市政工程

　　C. 装饰工程　　　　　　　　　　　　D. 建筑修缮工程

24. 计算组织措施费、间接费和利润时,下列工程中的(　　),以定额基价人工费为计算基础。

　　A. 建筑工程　　　　　　　　　　　　B. 市政工程

　　C. 仿古建筑　　　　　　　　　　　　D. 人工土石方工程

25. 计算组织措施费、间接费和利润时,建筑工程以(　　)为计算基础。

　　A. 直接费　　　　　　　　　　　　　B. 人工费

　　C. 定额基价直接工程费　　　　　　　D. 基价人工费

26. 计算组织措施费、间接费和利润时,装饰工程以(　　)为计算基础。

　　A. 直接费　　　　　　　　　　　　　B. 人工费

　　C. 定额基价直接工程费　　　　　　　D. 定额基价人工费

27. 二类建筑工程规费的费率为4.87%,则一类建筑工程规费的费率应为(　　)。

　　A. 2.87%　　　　　　　　　　　　　B. 3.87%

　　C. 4.87%　　　　　　　　　　　　　D. 5.87%

28. 人工土石方工程(　　)。

　　A. 划分为3个类别　　　　　　　　　B. 划分为4个类别

　　C. 划分为5个类别　　　　　　　　　D. 不分类别

29. 税金标准根据(　　)划分。

　　A. 工程类别　　　　　　　　　　　　B. 专业工程

　　C. 工程地点　　　　　　　　　　　　D. 工程规模

30. 计算总承包服务费时,建筑工程按(　　)的3%计算。

　　A. 分包工程造价　　　　　　　　　　B. 总包工程造价

　　C. 分包工程人工费　　　　　　　　　D. 总包工程人工费

31. 计算总承包服务费时,装饰、安装工程按(　　)的15%计算。

　　A. 分包工程造价　　　　　　　　　　B. 总包工程造价

　　C. 分包工程人工费　　　　　　　　　D. 总包工程人工费

32. 关于临时设施费每万元摊销指标的叙述,(　　)是正确的。

　　A. 钢材0.91 t　　　　　　　　　　　B. 原木3.25 m³

　　C. 水泥1.82 t　　　　　　　　　　　D. 标准砖18.86 千块

33. 关于临时设施费每万元摊销指标的叙述,(　　)是错误的。

　　A. 钢材0.91 t　　　　　　　　　　　B. 原木1.82 m³

　　C. 水泥3.25 t　　　　　　　　　　　D. 标准砖18.86 千块

34. 下列关于工程排污费的叙述中,(　　)是正确的。

　　A. "规费"费用标准未含工程排污费,工程排污费另按实计算

　　B. "规费"费用标准已含工程排污费,工程排污费不另计算

　　C. 工程排污费按费率形式计算

　　D. 工程排污费属于企业管理费

35.按实计算费用包括( )。

    A.临时设施费

    B.高温补贴费

    C.规费

    D.夜间施工费

36.按实计算费用不包括( )。

    A.土石方外运密闭费

    B.高温补贴费

    C.总承包服务费

    D.夜间施工费

37.( )是指施工过程中耗费的构成工程实体的各项费用。

    A.直接费

    B.直接工程费

    C.定额直接费

    D.其他直接费

38.下列中的( )不属于规费。

    A.环境保护费

    B.住房公积金

    C.工程排污费

    D.危险作业意外伤害保险

学习情境三 工程量清单计价

任务一 工程量清单计价概述

一、工程量清单计价基本方法

（一）工程量清单计价方法的产生

在不同经济发展时期，建设产品有不同的价格形式，不同的定价主体，不同的价格形成机制，而一定的建设产品形式产生、存在于一定的工程建设管理体制和一定的建设产品交换方式之中。

我国建设产品价格市场化经历了国家定价→国家指导价→国家调控价三个阶段。

定额计价是以概预算定额、各种费用定额为基础依据，按照规定的计算程序确定工程造价的特定计价方法。利用工程建设定额计算工程造价就价格形成而言，介于国家定价和国家指导价之间。

工程量清单计价方法是一种区别于定额计价模式的新计价模式，是一种主要由市场定价的计价模式，是由建设产品的买方和卖方在建设市场上，根据供求情况、信息状况进行自由竞价，从而最终签订工程合同价格的方法。因此，可以说工程量清单的计价方法是在建设市场建立、发展和完善过程中的必然产物。随着社会主义市场经济的发展，自2003年在全国范围内开始逐步推广建设工程工程量清单计价方法，至2008年推出新版本《建设工程工程量清单计价规范》，再到2013年修订《建设工程工程量清单计价规范》，标志着我国工程量清单计价方法的应用逐渐完善。从定额计价方法到工程量清单计价方法的演变是伴随我国建设产品价格的市场化过程进行的。

采用工程量清单计价是建设工程产品市场化和国际化的需要。

（二）工程量清单计价的基本过程

工程量清单计价的基本过程可以描述为：在统一的工程量清单项目设置的基础上，制定工程量清单计量规则，根据具体的施工图纸计算出各个清单项目的工程量，再根据各种渠道所获得的工程造价信息和经验数据计算得到工程造价。工程量清单计价的基本计算过程如图3-1所示。

从图3-1中可以看出，其过程大致分为2个阶段：工程量清单编制和利用工程量清单来编制投标报价（或招标控制价）。投标报价是在业主提供的工程量计算结果的基础上，根据本企业自身所掌握的各种信息、资料，结合企业定额计算编制而得出的。

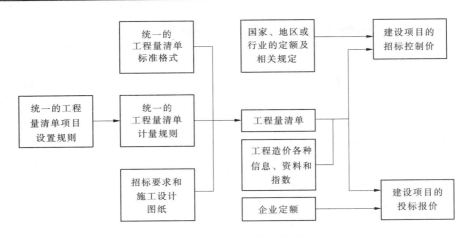

图 3-1　工程量清单计价过程

（三）工程量清单计价的特点

1. 工程量清单计价的适用范围

全部采用国有资金投资或国有资金投资为主的工程建设项目，必须采用工程量清单计价。

国有资金投资是指国有资金和国家融资资金的投资。国有资金投资为主的工程建设项目是指国有资金占投资总额 50% 以上，或虽不足 50% 但国有投资实质上拥有控股权的工程建设项目。

2. 工程量清单计价的操作过程

工程量清单计价活动涵盖施工招标、合同管理以及竣工交付全过程，主要包括工程量清单的编制，招标控制价、投标报价的编制，工程合同价款的约定，竣工结算的办理以及施工过程中的工程计量、工程价款支付、索赔与现场签证、工程价款调整和工程计价争议处理等活动。

（四）工程量清单计价的作用

1. 提供一个平等的竞争条件

采用定额计价编制施工图预算，由于设计图纸的缺陷，不同施工企业的人员理解不一样，计算出来的工程量也不相同，因此报价可能会相去甚远，也容易产生纠纷。工程量清单计价为投标者提供了一个平等竞争的条件：相同的工程量。投标人根据企业自身的实力来填报不同的单价，自主报价，使企业的优势体现到投标报价中。这样一来，可在一定程度上规范建筑市场，确保工程质量。

2. 满足市场经济条件下竞争的需要

投标人根据招标人提供的工程量清单投标报价时，单价成了决定性因素，定高了不能中标，定低了又要承担过大的风险。单价的高低直接取决于企业管理水平和技术水平的高低，这种局面促成了企业整体实力的竞争，有利于我国建设市场的快速发展。

3. 有利于提高工程计价效率，能真正实现快速报价

采用清单计价，避免了招标人与投标人在工程量计算上的重复工作，投标人以招标人提供的工程量清单为统一平台，结合自身实际自主报价，促进了各投标企业定额的完善和工程造价信息的积累与整理，体现了现代工程建设中快速报价的要求。

4.有利于工程价款的拨付和工程造价的最终结算

中标后,业主要与中标单位签订施工合同,中标价是确定合同价的基础,投标清单上的单价就成了拨付工程款的依据。业主根据施工企业完成的工程量,能很容易地确定进度款的拨付额。工程竣工后,根据设计变更、工程量增减等,业主也很容易确定工程的最终造价,可在某种程度上减少业主与施工单位之间的纠纷。

5.有利于业主对投资的控制

采用定额计价,业主对设计变更、工程量增减等因素引起的工程造价的变化不敏感,往往等到竣工结算时才知道这些变更对项目投资的影响有多大,但此时往往是为时已晚。而采用工程量清单计价,则可对投资变化一目了然,在欲进行设计变更时,能马上知道它对工程造价的具体影响,业主就可以根据投资情况来决定是否变更或进行方案比较,以决定最恰当的处理方法。

二、定额计价与工程量清单计价的联系与区别

(一)定额计价与清单计价的联系

无论是定额计价还是工程量清单计价,都是一种自下而上的分部组合的计价方法。

每一个建设项目都需要按业主的需要进行单独设计、单独施工,不能批量生产,不能按整个项目确定价格。为了计算每个项目的造价,将整个项目进行分解,划分为若干个可以直接测算价格的基本构造要素(分项工程),计算出各基本构造要素的价格,然后汇总为整个项目的造价。

工程造价计价的基本原理是:

$$建筑安装工程造价 = \sum\left[基本构造要素工程量(分项工程量) \times 相应单价\right] \quad (3-1)$$

无论是定额计价还是清单计价,上面这个公式同样有效,只是公式中的各要素有不同的含义。

(二)工程量清单计价与定额计价方法的区别

1.两种模式的最大差别在于体现我国建设市场法制工程中的不同阶段

利用工程定额计算形成工程价格介于国家定价和国家指导价之间,这种模式下的招标投标价格属于国家指导性价格,体现出国家宏观控制下的市场有限竞争。

工程量清单计价反映了市场定价阶段。在这个阶段中,工程价格是在国家有关部门间接调控和监督下,由工程承包发包双方根据市场供求关系变化自主确定工程价格。此时的工程造价具有竞争形成、自发波动和自发调节的特点。

2.两种模式的主要计价依据及其性质不同

工程定额计价的主要依据是国家、省、有关专业部门制定的各种定额,其性质为指导性,定额的项目划分一般按施工工序分项,每个项目所包含的工程内容是单一的。

工程量清单计价的主要依据是"清单计价规范",其性质是含有强制性条文的国家标准,清单的项目划分一般是按"综合实体"进行分项的,每个项目一般包含多项工程内容。

3.编制工程量的主体不同

定额计价模式下,工程量由招标人和投标人分别按图计算。而在清单计价模式下,工程量由招标人统一计算或委托中介机构统一计算,工程量清单是招标文件的重要组成

部分。

4. 单价与报价的组成不同

定额计价采用工料单价,其单价包括人工费、材料费和机械使用费。工程量清单计价采用综合单价,其单价包括人工费、材料费、机械使用费、管理费、利润、一般风险。清单报价法的报价除包括定额计价法的报价外,还包括其他项目费等费用。

5. 使用阶段不同

工程定额主要用于项目建设前期各阶段对投资的预测和估算,在工程建设交易阶段,工程定额只能作为建设产品价格形成的辅助依据;而工程量清单计价主要适用于合同价格形成以及后续的合同价格管理阶段,体现出我国对于工程造价的一词两义采用了不同的管理办法。

6. 合同价格的调整方式不同

定额计价的合同价格,主要调整方式有变更签证、定额解释、政策性调整。工程量清单计价方式在一般情况下单价是固定的,减少了合同实施过程中的调整活口。通常情况下,如果清单项目的数量没有增减,就能够保证合同价格基本没有调整,便于业主进行资金准备和筹划。

7. 工程量清单计价具有更强的竞争性

定额计价未区分施工实体性损耗和施工措施性损耗,而工程量清单计价把施工措施与工程实体项目进行分离,这项改革的意义在于突出了施工损耗费用的市场竞争性。工程量清单计价规范的工程量计算规则的编制原则一般是以工程实体的净尺寸计算,也没有包含工程量合理损耗,这一特点也就是定额计价工程量计算规则与工程量清单计价工程量计算规则的本质区别。

任务二 清单计价规范简介

在新时期统一建设工程工程量清单的编制和计价行为,实现"政府宏观调控、部门动态监管、企业自主报价、市场形成价格"的宏伟目标,住房和城乡建设部及时对《建设工程工程量清单计价规范》(GB 50500—2008)(简称原《规范》)进行全方位修改、补充和完善,是我国工程造价面临的第四次革新。修订后的《建设工程工程量清单计价规范》(GB 50500—2013)(简称新《规范》)于 2013 年 7 月 1 日起实施。

一、《建设工程工程量清单计价规范》(GB 50500—2013)简介

(一)新《规范》实施意义

(1)更加有利于工程量清单计价的全面推行。

(2)更加有利于规范工程建设参与各方的计价行为。

(3)更加有利于营造公开、公平、公正的市场竞争环境。

(4)是政府加强宏观管理转变工作职能的有效途径。

(5)是快速实现与国际通行惯例接轨的重要手段。

(6)是进一步推动我国工程造价改革迈上新台阶的里程碑。

（二）新《规范》的几大亮点

1.专业划分更加精细

新《规范》将原《规范》中的六个专业（建筑、装饰、安装、市政、园林、矿山）重新进行了精细化调整，调整后分为以下九个专业：

（1）将建筑与装饰专业合并为一个专业。

（2）将仿古从园林专业中分开，拆解为一个新专业。

（3）新增了构筑物、城市轨道交通、爆破工程三个专业。

九部计量规范分别是：

GB 50500—2013 清单计价规范及九个专业工程量计量规范目录

GB 50854—2013 房屋建筑与装饰工程工程量计算规范

GB 50855—2013 仿古建筑工程工程量计算规范

GB 50856—2013 通用安装工程工程量计算规范

GB 50857—2013 市政工程工程量计算规范

GB 50858—2013 园林绿化工程工程量计算规范

GB 50859—2013 矿山工程工程量计算规范

GB 50860—2013 构筑物工程工程量计算规范

GB 50861—2013 城市轨道交通工程工程量计算规范

GB 50862—2013 爆破工程工程量计算规范

2.责任划分更加明确

新《规范》对原《规范》里诸多责任不够明确的内容做了明确的责任划分和补充。

（1）阐释了招标工程量清单和已标价工程量清单的定义（2.0.2、2.0.3）。

（2）规定了计价风险合理分担的原则（3.2.2、3.2.3、3.2.4、3.2.5）。

（3）规定了招标控制价出现误差时投诉与处理的方法（5.3.1～5.3.9）。

（4）规定了合同价款调整中法律法规变化、工程变更、项目特征描述不符、工程量清单缺项、工程量偏差、物价变化等的解决办法与计算公式（9.2～9.7）。

3.可执行性更加强化

（1）增强了与合同的契合度，需要造价管理与合同管理相统一。

（2）明确了术语的概念，要求提高使用术语的精确度。

（3）提高了合同各方面风险分担的强制性，要求发包、承包双方明确各自的风险范围。

（4）细化了措施项目清单编制和列项的规定，加大了工程造价管理的复杂度。

（5）改善了计量、计价的可操作性，有利于结算纠纷的处理。

4.合同价款调整更加完善

凡出现以下情况之一者，发、承包双方应当调整合同价款：

（1）法律法规变化。

（2）工程变更。

（3）项目特征描述不符。

（4）工程量清单缺项。

（5）工程量偏差。

（6）物价变化。

（7）暂估价。

（8）计日工。

（9）现场签证。

（10）不可抗力。

（11）提前竣工（赶工补偿）。

（12）误期赔偿。

（13）索赔。

（14）暂列金额。

（15）发、承包双方约定的其他调整事项。

5. 风险分担更加合理

强制了计价风险的分担原则，明确了应由发、承包人各自分别承担的风险范围和应由发、承包双方共同承担的风险范围，以及完全不由承包人承担的风险范围。

6. 招标控制价编制、复核、投诉、处理的方法、程序更加法治和明晰

发包人或承包人对复核结果认为有误的，无异议部分按照规定办理不完全竣工结算，有异议部分由发、承包双方协商解决。协商不成的，按照合同约定的争议解决方式处理。此规定保护了施工企业的利益，有助于分歧的解决。

（三）2013 清单规范与 2008 清单规范的主要区别

原《规范》含 5 章 19 节，新《规范》含 15 章 54 节；原《规范》条文 137 条，新《规范》条文 253 条；原《规范》强制性条文 15 条，新《规范》强制性条文 15 条（详见附表）。

新《规范》相比原《规范》，增加了许多有关工程计量、合同价款（含约定、调整、中期支付、结算支付、争议解决等）各个环节的工程量清单计价内容，基本反映了原《规范》实施以来的主要经验和成果。

新《规范》的内容涵盖了工程实施阶段从计价方式、计价风险开始到竣工结算与支付、合同价款争议的解决以及工程计价资料与档案建立的全过程。

二、《建设工程工程量清单计价规范》（GB 50500—2013）主要内容摘录

（一）新《规范》的主要术语摘录

1. 工程量清单

载明建设工程分部分项工程项目、措施项目、其他项目的名称和相应数量以及规费、税金项目等内容的明细清单。

2. 招标工程量清单

招标人依据国家标准、招标文件、设计文件以及施工现场实际情况编制的，随招标文件发布供投标报价的工程量清单，包括其说明和表格。

3. 已标价工程量清单

构成合同文件组成部分的投标文件中已标明价格，经算术性错误修正（如有）且承包人已确认的工程量清单，包括其说明和表格。

4. 分部分项工程

分部工程是单项或单位工程的组成部分,是按结构部位、路段长度及施工特点或施工任务将单项或单位工程划分为若干分部的工程;分项工程是分部工程的组成部分,是按不同施工方法、材料、工序及路段长度等将分部工程划分为若干个分项或项目的工程。

5. 措施项目

为完成工程项目施工,发生于该工程施工准备和施工过程中的技术、生活、安全、环境保护等方面的项目。

6. 项目编码

分部分项工程和措施项目清单名称的阿拉伯数字标识。

7. 项目特征

构成分部分项工程项目、措施项目自身价值的本质特征。

8. 综合单价

完成一个规定清单项目所需的人工费、材料费和工程设备费、施工机具使用费和企业管理费、利润,以及一定范围内的风险费用。

9. 风险费用

隐含于已标价工程量清单综合单价中,用于化解发、承包双方在工程合同中约定内容和范围内的市场价格波动风险的费用。

10. 工程成本

承包人为实施合同工程并达到质量标准,在确保安全施工的前提下,必须消耗或使用的人工、材料、工程设备、施工机械台班及其管理等方面发生的费用和按规定缴纳的规费和税金。

11. 工程造价信息

工程造价管理机构根据调查和测算发布的建设工程人工、材料、工程设备、施工机械台班的价格信息,以及各类工程的造价指数、指标。

12. 暂列金额

暂列金额是指招标人在工程量清单中暂定并包括在合同价款中的一笔款项。包括用于工程合同签订时尚未确定或者不可预见的所需材料、工程设备、服务的采购,施工中可能发生的工程变更、合同约定调整因素出现时的合同价款调整,以及发生的索赔、现场签证确认等的费用。

13. 暂估价

招标人在工程量清单中提供的用于支付必然发生但暂时不能确定价格的材料、工程设备的单价以及专业工程的金额。

14. 计日工

在施工过程中,承包人完成发包人提出的工程合同范围以外的零星项目或工作,按合同中约定的单价计价的一种方式。

15. 总承包服务费

总承包人为配合协调发包人进行的专业工程发包,对发包人自行采购的材料、工程设备等进行保管以及施工现场管理、竣工资料汇总整理等服务所需的费用。

16. 安全文明施工费

在合同履行过程中,承包人按照国家法律、法规、标准等规定,为保证安全施工、文明施工,保护现场内外环境和搭拆临时设施等所采用的措施而发生的费用。

17. 工程设备

指构成或计划构成永久工程一部分的机电设备、金属结构设备、仪器装置及其他类似的设备和装置。

18. 招标控制价

招标人根据国家或省级、行业建设主管部门颁发的有关计价依据和办法,以及拟定的招标文件和招标工程量清单,结合工程具体情况编制的招标工程的最高投标限价。

19. 投标价

投标人投标时响应招标文件要求所报出的对已标价工程量清单汇总后标明的总价。

20. 签约合同价(合同价款)

发、承包双方在工程合同中约定的工程造价,即包括了分部分项工程费、措施项目费、其他项目费、规费和税金的合同总金额。

21. 工程造价鉴定

工程造价咨询人接受人民法院、仲裁机关委托,对施工合同纠纷案件中的工程造价争议,运用专门知识进行鉴别、判断和评定,并提供鉴定意见的活动,也称为工程造价司法鉴定。

(二)新《规范》的一般规定摘录

(1)使用国有资金投资的建设工程发、承包,必须采用工程量清单计价。

(2)工程量清单应采用综合单价计价。

(3)措施项目中的安全文明施工费必须按国家或省级、行业建设主管部门的规定计算,不得作为竞争性费用。

(4)规费和税金必须按国家或省级、行业建设主管部门的规定计算,不得作为竞争性费用。

(5)建设工程发、承包,必须在招标文件、合同中明确计价的风险内容及其范围,不得采用无限风险、所有风险或类似语句规定计价的风险内容及范围。

(6)招标工程量清单必须作为招标文件的组成部分,其准确性和完整性应由招标人负责。

(7)分部分项工程项目清单必须载明项目编码、项目名称、项目特征、计量单位和工程量。

(8)分部分项工程项目清单必须根据相关工程现行国家计量规范规定的项目编码、项目名称、项目特征、计量单位和工程量计算规则进行编制。

(9)措施项目清单必须根据相关工程现行国家计量规范的规定编制。

(10)投标报价不得低于工程成本。

(11)投标人必须按招标工程量清单填报价格。项目编码、项目名称、项目特征、计量单位、工程量必须与招标工程量清单一致。

(12)工程量必须按照相关工程现行国家计量规范规定的工程量计算规则计算。

（13）工程量必须以承包人完成合同工程应予计量的工程量确定。

（14）工程完工后，发、承包双方必须在合同约定时间内办理工程竣工结算。

（三）新《规范》工程计价表格

工程计价采用统一计价表格格式，招标人与投标人均不得变动格式。

任务三 清单模式下的造价构成及计价程序

一、建标〔2013〕（44号文）造价构成

为适应深化工程计价改革的需要，根据国家有关法律、法规及相关政策，在总结原建设部、财政部《关于印发〈建筑安装工程费用项目组成〉的通知》（建标〔2013〕206号文）（简称《通知》）执行情况的基础上，修订完成了《建筑安装工程费用项目组成》（建标〔2013〕44号文）（简称《费用组成》）。按《费用组成》的规定，建筑安装工程费用项目可按照费用构成要素组成划分；另外，为指导工程造价专业人员计算建筑安装工程造价，也可将建筑安装工程费用按工程造价形成顺序划分。

（一）建筑安装工程费用项目组成按费用构成要素划分

建筑安装工程费用按照费用构成要素划分：由人工费、材料费（包含工程设备，下同）、施工机具使用费、企业管理费、利润、规费和税金组成。其中人工费、材料费、施工机具使用费、企业管理费和利润包含在分部分项工程费、措施项目费、其他项目费中。如图3-2所示。

1. 人工费

人工费是指按工资总额构成规定，支付给从事建筑安装工程施工的生产工人和附属生产单位工人的各项费用。内容包括：

（1）计时工资或计件工资：是指按计时工资标准和工作时间或对已做工作按计件单价支付给个人的劳动报酬。

（2）奖金：是指对超额劳动和增收节支支付给个人的劳动报酬。如节约奖、劳动竞赛奖等。

（3）津贴补贴：是指为了补偿职工特殊或额外的劳动消耗和因其他特殊原因支付给个人的津贴，以及为了保证职工工资水平不受物价影响支付给个人的物价补贴。如流动施工津贴、特殊地区施工津贴、高温（寒）作业临时津贴、高空津贴等。

（4）加班加点工资：是指按规定支付的在法定节假日工作的加班工资和在法定日工作时间外延时工作的加点工资。

（5）特殊情况下支付的工资：是指根据国家法律、法规和政策规定，因病、工伤、产假、计划生育假、婚丧假、事假、探亲假、定期休假、停工学习、执行国家或社会义务等原因按计时工资标准或计时工资标准的一定比例支付的工资。

2. 材料费

材料费是指施工过程中耗费的原材料、辅助材料、构配件、零件、半成品或成品、工程设备的费用。内容包括：

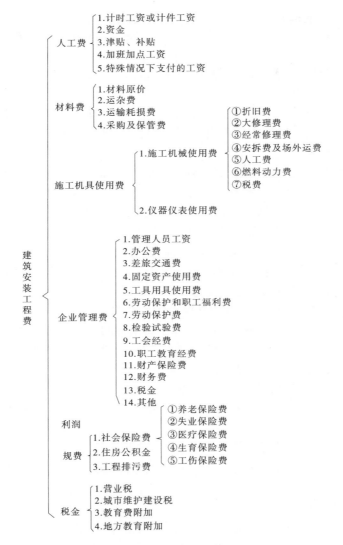

图3-2 建筑安装工程费用组成
（按费用构成要素划分）

（1）材料原价：是指材料、工程设备的出厂价格或商家供应价格。

（2）运杂费：是指材料、工程设备自来源地运至工地仓库或指定堆放地点所发生的全部费用。

（3）运输损耗费：是指材料在运输装卸过程中不可避免的损耗。

（4）采购及保管费：是指在组织采购、供应和保管材料、工程设备的过程中所需要的各项费用。包括采购费、仓储费、工地保管费、仓储损耗。

工程设备是指构成或计划构成永久工程一部分的机电设备、金属结构设备、仪器装置及其他类似的设备和装置。

3. 施工机具使用费

施工机具使用费是指施工作业所发生的施工机械、仪器仪表使用费或其租赁费。

1）施工机械使用费

施工机械使用费以施工机械台班耗用量乘以施工机械台班单价表示，施工机械台班单价应由下列七项费用组成：

（1）折旧费：指施工机械在规定的使用年限内，陆续收回其原值的费用。

（2）大修理费：指施工机械按规定的大修理间隔台班进行必要的大修理，以恢复其正常功能所需的费用。

（3）经常修理费：指施工机械除大修理以外的各级保养和临时故障排除所需的费用。包括为保障机械正常运转所需替换设备与随机配备工具附具的摊销和维护费用，机械运转中日常保养所需润滑与擦拭的材料费用及机械停滞期间的维护和保养费用等。

（4）安拆费及场外运费：安拆费指施工机械（大型机械除外）在现场进行安装与拆卸所需的人工、材料、机械和试运转费用以及机械辅助设施的折旧、搭设、拆除等费用；场外运费指施工机械整体或分体自停放地点运至施工现场或由一施工地点运至另一施工地点的运输、装卸、辅助材料及架线等费用。

（5）人工费：指机上司机（司炉）和其他操作人员的人工费。

（6）燃料动力费：指施工机械在运转作业中所消耗的各种燃料及水、电等。

（7）税费：指施工机械按照国家规定应缴纳的车船使用税、保险费及年检费等。

$$施工机械使用费 = \sum（施工机械台班消耗量 \times 机械台班单价） \qquad (3\text{-}2)$$

$$机械台班单价 = 台班折旧费 + 台班大修费 + 台班经常修理费 +$$
$$台班安拆费及场外运费 + 台班人工费 + 台班燃料动力费 +$$
$$台班车船税费 \qquad (3\text{-}3)$$

2）仪器仪表使用费

仪器仪表使用费是指工程施工所需使用的仪器仪表的摊销及维修费用。

$$仪器仪表使用费 = 工程使用的仪器仪表摊销费 + 维修费 \qquad (3\text{-}4)$$

4. 企业管理费

企业管理费是指建筑安装企业组织施工生产和经营管理所需的费用。内容包括：

（1）管理人员工资：是指按规定支付给管理人员的计时工资、奖金、津贴补贴、加班加点工资及特殊情况下支付的工资等。

（2）办公费：是指企业管理办公用的文具、纸张、账表、印刷、邮电、书报、办公软件、现场监控、会议、水电、烧水和集体取暖降温（包括现场临时宿舍取暖降温）等费用。

（3）差旅交通费：是指职工因公出差、调动工作的差旅费、住勤补助费，市内交通费和误餐补助费，职工探亲路费，劳动力招募费，职工退休、退职一次性路费，工伤人员就医路费，工地转移费以及管理部门使用的交通工具的油料、燃料等费用。

（4）固定资产使用费：是指管理和试验部门及附属生产单位使用的属于固定资产的房屋、设备、仪器等的折旧、大修、维修或租赁费。

（5）工具用具使用费：是指企业施工生产和管理使用的不属于固定资产的工具、器具、家具、交通工具和检验、试验、测绘、消防用具等的购置、维修和摊销费。

（6）劳动保险和职工福利费：是指由企业支付的职工退职金、按规定支付给离休干部的经费、集体福利费、夏季防暑降温、冬季取暖补贴、上下班交通补贴等。

(7)劳动保护费：是企业按规定发放的劳动保护用品的支出。如工作服、手套、防暑降温饮料以及在有碍身体健康的环境中施工的保健费用等。

(8)检验试验费：是指施工企业按照有关标准规定，对建筑及材料、构件和建筑安装物进行一般鉴定、检查所发生的费用，包括自设实验室进行试验所耗用的材料等费用。不包括新结构、新材料的试验费，对构件做破坏性试验及其他特殊要求检验试验的费用和建设单位委托检测机构进行检测的费用，对此类检测发生的费用，由建设单位在工程建设其他费用中列支。但对施工企业提供的具有合格证明的材料进行检测不合格的，该检测费用由施工企业支付。

(9)工会经费：是指企业按《中华人民共和国工会法》规定的全部职工工资总额比例计提的工会经费。

(10)职工教育经费：是指按职工工资总额的规定比例计提，企业为职工进行专业技术和职业技能培训，专业技术人员继续教育、职工职业技能鉴定、职业资格认定以及根据需要对职工进行各类文化教育所发生的费用。

(11)财产保险费：是指施工管理用财产、车辆等的保险费用。

(12)财务费：是指企业为施工生产筹集资金或提供预付款担保、履约担保、职工工资支付担保等所发生的各种费用。

(13)税金：是指企业按规定缴纳的房产税、车船使用税、土地使用税、印花税等。

(14)其他：包括技术转让费、技术开发费、投标费、业务招待费、绿化费、广告费、公证费、法律顾问费、审计费、咨询费、保险费等。

5.利润

利润是指施工企业完成所承包工程获得的盈利。

(1)施工企业根据企业自身需求并结合建筑市场实际自主确定，列入报价中。

(2)工程造价管理机构在确定计价定额中利润时，应以定额人工费(或定额人工费 + 定额机械费)作为计算基数，其费率根据历年工程造价积累的资料，并结合建筑市场实际确定，以单位(单项)工程测算，利润在税前建筑安装工程费的比重可按不低于5%且不高于7%的费率计算。

6.规费

规费是指按国家法律、法规规定，由省级政府和省级有关权力部门规定必须缴纳或计取的费用。包括以下几项。

1)社会保险费

(1)养老保险费：是指企业按照规定标准为职工缴纳的基本养老保险费。

(2)失业保险费：是指企业按照规定标准为职工缴纳的失业保险费。

(3)医疗保险费：是指企业按照规定标准为职工缴纳的基本医疗保险费。

(4)生育保险费：是指企业按照规定标准为职工缴纳的生育保险费。

(5)工伤保险费：是指企业按照规定标准为职工缴纳的工伤保险费。

2)住房公积金

住房公积金是指企业按规定标准为职工缴纳的住房公积金。

3）工程排污费

工程排污费是指按规定缴纳的施工现场工程排污费。

其他应列而未列入的规费,按实际发生计取。

7. 税金

税金是指国家税法规定的应计入建筑安装工程造价内的城市维护建设税、营业税、教育费附加以及地方教育附加。

（二）建筑安装工程费用项目组成按造价形成划分

建筑安装工程费按照工程造价形成由分部分项工程费、措施项目费、其他项目费、规费、税金组成,分部分项工程费、措施项目费、其他项目费包含人工费、材料费、施工机具使用费、企业管理费和利润(见图 3-3)。

1. 分部分项工程费

分部分项工程费是指各专业工程的分部分项工程应予列支的各项费用。

（1）专业工程:是指按现行国家计量规范划分的房屋建筑与装饰工程、仿古建筑工程、通用安装工程、市政工程、园林绿化工程、矿山工程、构筑物工程、城市轨道交通工程、爆破工程等各类工程。

（2）分部分项工程:指按现行国家计量规范对各专业工程划分的项目。如房屋建筑与装饰工程划分的土石方工程、地基处理与桩基工程、砌筑工程、钢筋及钢筋混凝土工程等。

各类专业工程的分部分项工程划分见现行国家或行业计量规范。

2. 措施项目费

措施项目费是指为完成建设工程施工,发生于该工程施工前和施工过程中的技术、生活、安全、环境保护等方面的费用。内容包括:

（1）安全文明施工费。

①环境保护费:是指施工现场为达到环保部门要求所需要的各项费用。

②文明施工费:是指施工现场文明施工所需要的各项费用。

③安全施工费:是指施工现场安全施工所需要的各项费用。

④临时设施费:是指施工企业为进行建设工程施工所必须搭设的生活和生产用的临时建筑物、构筑物和其他临时设施费用。包括临时设施的搭设、维修、拆除、清理费或摊销费等。

（2）夜间施工增加费:是指因夜间施工所发生的夜班补助费、夜间施工降效、夜间施工照明设备摊销及照明用电等费用。

（3）二次搬运费:是指因施工场地条件限制而发生的材料、构配件、半成品等一次运输不能到达堆放地点,必须进行二次或多次搬运所发生的费用。

（4）冬雨季施工增加费:是指在冬季或雨季施工需增加的临时设施、防滑、排除雨雪,人工及施工机械效率降低等费用。

（5）已完工程及设备保护费:是指竣工验收前,对已完工程及设备采取的必要保护措

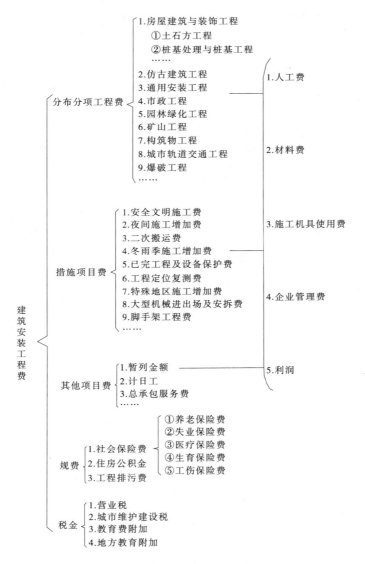

图 3-3　建筑安装工程费用组成
（按造价形成划分）

施所发生的费用。

（6）工程定位复测费：是指工程施工过程中进行全部施工测量放线和复测工作的费用。

（7）特殊地区施工增加费：是指工程在沙漠或其边缘地区、高海拔、高寒、原始森林等特殊地区施工增加的费用。

（8）大型机械设备进出场及安拆费：是指机械整体或分体自停放场地运至施工现场或由一个施工地点运至另一个施工地点，所发生的机械进出场运输及转移费用及机械在施工现场进行安装、拆卸所需的人工费、材料费、机械费、试运转费和安装所需的辅助设施的费用。

（9）脚手架工程费：是指施工需要的各种脚手架搭、拆、运输费用以及脚手架购置费的摊销（或租赁）费用。

措施项目及其包含的内容详见各类专业工程的现行国家或行业计量规范。

3. 其他项目费

（1）暂列金额：是指建设单位在工程量清单中暂定并包括在工程合同价款中的一笔款项。用于施工合同签订时尚未确定或者不可预见的所需材料、工程设备、服务的采购，施工中可能发生的工程变更、合同约定调整因素出现时的工程价款调整以及发生的索赔、现场签证确认等的费用。

（2）计日工：是指在施工过程中，施工企业完成建设单位提出的施工图纸以外的零星项目或工作所需的费用。

（3）总承包服务费：是指总承包人为配合、协调建设单位进行的专业工程发包，对建设单位自行采购的材料、工程设备等进行保管以及施工现场管理、竣工资料汇总整理等服务所需的费用。

4. 规费

定义同费用构成要素。

5. 税金

定义同费用构成要素。

二、清单计价程序

（一）工程量清单编制程序

工程量清单计价的过程可以分为两个阶段，即工程量清单的编制和工程量清单应用两个阶段，工程量清单的编制程序如图3-4所示。

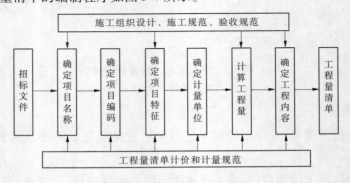

图 3-4　工程量清单编制程序

（二）工程量清单计价过程

工程量清单计价过程如图3-5所示。

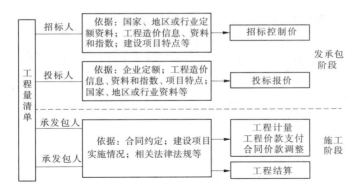

图 3-5　工程量清单计价过程

（三）工程量清单计价的方法

工程量清单计价通常用到以下公式：

$$分部分项工程费 = \sum 分部分项工程综合单价 \times 分部分项工程量 \quad (3-5)$$

$$措施项目费 = \sum 措施项目综合单价 \times 措施项目工程量 \quad (3-6)$$

$$单位工程造价 = 分部分项工程费 + 措施项目费 + 其他项目费 + 规费 + 税金 \quad (3-7)$$

$$单项工程造价 = \sum 单位工程报价 \quad (3-8)$$

$$建设项目总造价 = \sum 单项工程报价 \quad (3-9)$$

（四）分部分项工程费计算

1. 计算施工方案工程量

注意：招标人提供——工程净量；投标人计算——施工作业量。

工程量清单计算规则对主项以外的工程内容的计算方法及计量单位不作规定，由投标人根据施工图及投标人的经验自行确定。

2. 人、材、机数量测算

人、材、机数量测算按反映企业水平的企业定额或参照政府消耗量定额确定人工、材料、机械台班的耗用量。

3. 市场调查和询价

采用市场价格作为参考，考虑一定的调价系数，确定人、材、机单价。

4. 计算清单项目分项工程的人工费、材料费、机械费

计算出对应分项工程单位数量的人工费、材料费和机械费。计算公式为

$$人工费 = \sum 对应的人工工资单价 \times 人工工日数 \quad (3-10)$$

$$材料费 = \sum 对应的材料预算单价 \times 材料消耗量 \quad (3-11)$$

$$机械费 = \sum 对应的机械台班单价 \times 机械台班消耗量 \quad (3-12)$$

5. 计算综合单价

计算综合单价中的管理费和利润时，可以根据每个分项工程的具体情况逐项估算。一般情况下，采用分摊法计算分项工程中的管理费和利润，即先计算出工程的全部管理费

和利润,然后分摊到工程量清单中的每个分项工程上。

任务四　工程量清单计价编制及案例

本任务主要针对投标报价介绍工程量清单计价,招标控制价的编制方法和内容与投标报价基本一致。

一、工程量清单投标报价编制概述

(一)一般规定

投标价是指投标人响应招标文件要求所报出的对已报价工程量清单汇总后标明的总价。投标价根据计价规范(则)的规定由投标人自主确定。投标价应由投标人或受其委托具有相应资质的工程造价咨询人编制。

投标报价不得低于工程成本。投标价应满足招标文件的实质性要求,投标人不得以自有机械设备闲置、自有材料等为由不计入成本,且不得低于成本报价。

投标人必须按招标工程量清单填报价格。项目编码、项目名称、项目特征、计量单位、工程量必须与招标工程量清单一致。投标人不得对招标工程量清单项目进行增减调整。

(二)工程量清单投标报价编制依据

投标报价应根据下列依据编制和复核:

(1)《重庆市建设工程工程量清单计价规则》。

(2)国家或重庆市建设主管部门颁发的计价办法和有关规定。

(3)企业定额,国家或重庆市建设主管部门颁发的计价定额。

(4)招标文件、招标工程量清单及其补充通知、答疑纪要。

(5)建设工程设计文件及相关资料。

(6)施工现场情况、地勘水文资料、工程特点及投标时拟订的施工组织设计或施工方案。

(7)与建设工程项目相关的标准、规范等技术资料。

(8)市场价格、招标文件提供的暂估价或重庆市建设工程造价管理机构发布的工程造价信息价格。

(9)其他相关资料。

二、工程量清单投标报价编制案例

以下为结合学习情境二施工图预算编制案例编制的工程量清单投标报价。

封 – 3

<u>重庆市××迁建工程项目</u> 工程
投 标 总 价

招　　标　　人：_____

投标总价(小写)：<u>2 235 511.72 元</u>_____

—

　　　(大写)：<u>贰佰贰拾叁万伍仟伍佰壹拾壹元柒角贰分</u>_____

投　标　人：_____
(单位盖章)

法定代表人

或其授权人：_____
(签字或盖章)

编　制　人：_____
(造价人员签字盖专用章)

编制时间：　　　年　　月　　日

表 – 01

工程计价总说明

工程名称:重庆市××迁建工程项目　　　　　　　　　　第 1 页　共 1 页

> 1. 工程概况
> 　(1)本工程名称为"重庆市××迁建工程项目"。
> 　(2)本工程为框架柱结构,地上三层,基础为桩基础。
> 　(3)本工程抗震等级为Ⅲ级抗震。
> 2. 编制依据
> 　本定额计费以《重庆市建筑工程计价定额》(CQJZDE—2008)、《重庆市建设工程工程量清单项目计量规则》(CQQDGZ—2013)、《重庆市装饰工程计价定额》(CQZSDE—2008),费用定额采用《重庆市建设工程费用定额》(CQFYDE—2008)为依据进行套价。
> 3. 其他说明:
> 　(1)钢筋:$d < 12$ mm 为 HPB300 级钢筋,$d \geqslant 12$ mm 为 HPB335 级钢筋。
> 　(2)墙体厚度和墙体砂浆强度等级:
> 　　①墙体厚度:外墙为 240 mm 厚实心砖墙,内墙为 240 mm 厚实心砖墙。
> 　　②墙体砂浆强度等级:±0.000 以下墙体采用 M5.0 水泥砂浆砌筑,±0.000 以上墙体采用 M5.0 混合砂浆砌筑。
> 　(3)混凝土保护层厚度参照 11G101 图集。

表 – 04

单位工程投标报价汇总表

工程名称:重庆市××迁建工程项目　　　　　　　　　　第 1 页　共 1 页

序号	汇总内容	金额(元)	其中:暂估价(元)
1	分部分项工程	1 964 373.85	
1.1	A 建筑工程	1 964 373.85	
2	措施项目	134 706.39	
2.1	其中:安全文明施工费	19 436.00	
2.2	其中:建设工程竣工档案编制费	3 000.67	
3	其他项目	10 524.00	
4	规费	52 190.29	
5	税金	73 717.19	
	投标报价合计 = 1 + 2 + 3 + 4 + 5	2 235 511.72	

注:1. 本表适用于单位工程招标控制价或投标报价的汇总,如无单位工程划分,单项工程也使用本表汇总。
　　2. 分部分项工程、措施项目中暂估价中应填写材料、工程设备暂估价,其他项目中暂估价应填写专业工程暂估价。

表 – 08

措施项目汇总表

工程名称:重庆市××迁建工程项目　　　　　　　　　　第 1 页　共 1 页

序号	项目名称	金额(元)	
		合价	其中:暂估价
1	施工技术措施项目	75 441.26	
2	施工组织措施项目	39 829.13	
2.1	其中:安全文明施工费	1 720 × 11.3 = 19 436.00	
2.2	其中:建设工程竣工档案编制费	3 000.67	
	措施项目费合计 = 1 + 2	134 706.39	

表－09　　　　　　　　**分部分项工程项目清单计价表**

工程名称:重庆市××迁建工程项目　　　　　　　　　　　第1页　共17页

序号	项目编码	项目名称	项目特征	计量单位	工程量	综合单价	合价	其中:暂估价
	A	建筑工程						
	A.1	土石方工程						
1	010101001001	平整场地	[项目特征] 1.土壤类别:Ⅲ类土 2.弃土运距:按实际 3.取土运距:按实际	m²	901	3.45	3 108.45	
2	010101003001	挖沟槽土方	[项目特征] 1.土壤类别:综合 2.基础类型:综合 3.垫层底宽:按设计 4.挖土方深度:2 m以内 5.工程量计算同定额计算规则	m³	159	36.67	5 830.53	
3	010101004001	挖基坑土方	[项目特征] 1.土壤类别:综合 2.基础类型:综合 3.垫层底宽:按设计 4.挖土方深度:不分开挖方式、开挖深度按收方 5.工程量计算同定额计算规则	m³	17	41.05	697.85	
4	010103001001	槽、坑回填夯填	[项目特征] 1.土质要求:一般土壤或石渣 2.密实度要求:满足设计和规范要求 3.粒径要求:满足设计和规范要求 4.夯填(碾压):夯实回填 [工程内容] 1.回填 2.分层碾压、夯实	m³	43	1.02	43.86	
5	010302004001	人工挖孔桩土方	[项目特征] 1.土壤类别:综合 2.基础类型:桩基 3.桩直径:综合 4.挖土深度:不分开挖方式,开挖深度8 m以内	m³	391	121.49	47 502.59	
			本页小计				57 183.28	

续表-09

序号	项目编码	项目名称	项目特征	计量单位	工程量	金额(元)		
						综合单价	合价	其中:暂估价
6	010302004002	人工挖孔桩石方	[项目特征] 1.土壤类别:综合 2.基础类型:桩基 3.桩直径:综合 4.挖土深度:不分开挖方式,开挖深度 10 m 以内	m³	42.3	189.92	8 033.62	
7	010103002002	余方弃置	[项目特征] 1.弃土石类别:按收方数据计算 2.运距:20 m 3.人工运	m³	523	15.27	7 986.21	
A.3		桩基工程						
1	010302B03002	人工挖孔灌注桩护壁混凝土	[项目特征] 1.桩截面:综合考虑 2.成孔方法:人工成孔 3.混凝土强度等级:C25 4.模板:模板安拆 [工程内容] 1.固壁 2.混凝土制作、运输、灌注、振捣、养护 3.模板制作、安装、拆除、整理堆放及场内外运输 4.清理模板黏结物及模内杂物、刷隔离剂等 5.清理、运输	m³	115.5	701.35	81 005.93	
2	010302B04002	人工挖孔灌注桩桩芯混凝土	[项目特征] 1.桩截面:综合考虑 2.成孔方法:人工成孔 3.混凝土强度等级:C25 4.模板:模板安拆 [工程内容] 1.固壁 2.混凝土制作、运输、灌注、振捣、养护 3.模板制作、安装、拆除、整理堆放及场内外运输 4.清理模板黏结物及模内杂物、刷隔离剂等 5.清理、运输	m³	237.9	382.87	91 084.77	
			本页小计				91 084.77	

续表 - 09

序号	项目编码	项目名称	项目特征	计量单位	工程量	金额(元)		
						综合单价	合价	其中:暂估价
	A.4	砌筑工程						
1	010401005001	页岩空心砖墙	[项目特征] 1.墙体类型:综合 2.墙体厚度:综合 3.空心砖、砌块品种、规格、强度等级:页岩空心砖 4.砂浆强度等级、配合比:M5混合砂浆 [工程内容] 1.砂浆制作、运输 2.砌砖、砌块 3.勾缝 4.材料运输	m³	468.8	290.16	136 027.01	
2	010401012001	零星砌砖	[项目特征] 1.零星砌体名称部位:综合 2.砂浆强度等级、配合比:混合砂浆 M5 [工程内容] 1.砂浆制作、运输 2.砌砖 3.勾缝 4.材料运输	m³	10.7	346.55	3 708.09	
3	010401001001	砖基础 (±0.000以下)	[项目特征] 1.墙体类型:砖基础 2.墙体厚度:200 mm 3.空心砖、砌块品种、规格、强度等级:页岩实心砖 4.砂浆强度等级、配合比:M5水泥砂浆 [工程内容] 1.砂浆制作、运输 2.砌砖、砌块 3.勾缝 4.材料运输	m³	33.2	367.42	12 198.34	
			本页小计				151 933.44	

续表 –09

序号	项目编码	项目名称	项目特征	计量单位	工程量	金额（元）		
						综合单价	合价	其中：暂估价
4	010401003001	女儿墙	[项目特征] 1.墙体类型:女儿墙 2.墙体厚度:200 mm 3.空心砖、砌块品种、规格、强度等级:页岩实心砖 4.砂浆强度等级、配合比:M5水泥砂浆 [工程内容] 1.砂浆制作、运输 2.砌砖、砌块 3.勾缝 4.材料运输	m³	24.8	408.32	10 126.34	
5	011210006001	隔板墙	[项目特征] 1.墙体类型:轻质隔板墙 2.墙体厚度:综合	m²	59	57.14	3 371.26	
6	010507004001	砖砌台阶	水泥砂浆 M5	m²	45.9	76.97	3 532.92	
	A.5	混凝土及钢筋混凝土工程						
1	010501001001	垫层	[项目特征] 1.混凝土强度等级:C15 2.混凝土拌和料要求:按设计及相关规范规定 3.混凝土种类:商品混凝土 4.模板:模板安拆 [工程内容] 1.混凝土制作、运输、浇筑、振捣、养护 2.地脚螺栓二次灌浆 3.模板制作、安装、拆除、整理堆放及场内外运输	m³	12.2	422.7	5 156.94	
本页小计							22 187.46	

续表 － 09

序号	项目编码	项目名称	项目特征	计量单位	工程量	综合单价	合价	其中：暂估价
2	010501002001	带形基础（隔墙基础）	［项目特征］ 1. 混凝土强度等级：C15 2. 混凝土拌和料要求：按设计要求和相关规范规定 3. 混凝土种类：商品混凝土 4. 模板：模板安拆 ［工程内容］ 1. 混凝土制作、运输、浇筑、振捣、养护 2. 模板制作、安装、拆除、整理堆放及场内外运输 3. 清理模板黏结物及模内杂物、刷隔离剂等	m³	8.6	493.66	4 245.48	
3	010501002002	基础梁C30	［项目特征］ 1. 混凝土强度等级：C30 2. 混凝土拌和料要求：按设计要求和相关规范规定 3. 混凝土种类：商品混凝土 4. 模板：模板安拆 ［工程内容］ 1. 混凝土制作、运输、浇筑、振捣、养护 2. 模板制作、安装、拆除、整理堆放及场内外运输 3. 清理模板黏结物及模内杂物、刷隔离剂等	m³	34	665.37	22 622.58	
4	010501004001	满堂基础	［项目特征］ 1. 混凝土强度等级：C30 2. 混凝土拌和料要求：按设计要求和相关规范规定 3. 混凝土种类：商品混凝土 4. 模板：模板安拆 ［工程内容］ 1. 混凝土制作、运输、浇筑、振捣、养护 2. 模板制作、安装、拆除、整理堆放及场内外运输 3. 清理模板黏结物及模内杂物、刷隔离剂等	m³	1.8	407.08	732.74	
本页小计							27 600.80	

续表 – 09

序号	项目编码	项目名称	项目特征	计量单位	工程量	金额(元)		
						综合单价	合价	其中:暂估价
5	010502002001	构造柱	[项目特征] 1. 柱截面尺寸:综合 2. 混凝土强度等级:C25 3. 混凝土拌和料要求:按设计及相关规范规定 4. 混凝土种类:商品混凝土 5. 模板:模板安拆 [工程内容] 1. 混凝土制作、运输、浇筑、振捣、养护 2. 模板制作、安装、拆除、整理堆放及场内外运输 3. 清理模板黏结物及模内杂物、刷隔离剂等	m³	1.5	850.59	1 275.89	
6	010502002002	构造柱	[项目特征] 1. 柱截面尺寸:综合 2. 混凝土强度等级:C20 3. 混凝土拌和料要求:按设计及相关规范规定 4. 混凝土种类:商品混凝土 5. 模板:模板安拆 [工程内容] 1. 混凝土制作、运输、浇筑、振捣、养护 2. 模板制作、安装、拆除、整理堆放及场内外运输 3. 清理模板黏结物及模内杂物、刷隔离剂等	m³	26.6	845.49	22 490.03	
7	010502001001	矩形柱	1. 柱高度:按设计 2. 柱截面尺寸:周长 2 m 以内 3. 混凝土强度等级:C30 4. 混凝土拌和料要求:按设计 5. 混凝土种类:商品混凝土 6. 模板:模板安拆	m³	53.7	848.97	45 589.69	
			本页小计				69 355.61	

续表－09

序号	项目编码	项目名称	项目特征	计量单位	工程量	综合单价	合价	其中：暂估价
						金额(元)		
8	010502001002	矩形柱	1.柱高度:按设计 2.柱截面尺寸:周长3 m以内 3.混凝土强度等级:C30 4.混凝土拌和料要求:按设计 5.混凝土种类:商品混凝土 6.模板:模板安拆	m³	11.2	698.08	7 818.50	
9	010503004001	圈梁	［项目特征］ 1.梁底标高:详见设计图 2.混凝土强度等级:C20 3.混凝土拌和料要求:按设计及相关规范规定 4.混凝土种类:商品混凝土 5.模板:模板安拆 ［工程内容］ 1.混凝土制作、运输、浇筑、振捣、养护 2.模板制作、安装、拆除、整理堆放及场内外运输 3.清理模板黏结物及模内杂物、刷隔离剂等	m³	4.7	772.84	3 632.35	
10	010505001001	C30有梁板	［项目特征］ 1.混凝土强度等级:C30 2.混凝土拌和料要求:按设计及相关规范规定 3.混凝土种类:商品混凝土 4.模板:模板安拆 ［工程内容］ 1.混凝土制作、运输、浇筑、振捣、养护 2.模板制作、安装、拆除、整理堆放及场内外运输 3.清理模板黏结物及模内杂物、刷隔离剂等	m³	329	691.01	227 342.29	
			本页小计				238 793.14	

续表 - 09

序号	项目编码	项目名称	项目特征	计量单位	工程量	金额(元)		
						综合单价	合价	其中:暂估价
11	010505008001	C30 悬挑板、雨篷板	[项目特征] 1. 板底标高:按设计要求 2. 混凝土强度等级:C30 3. 混凝土拌和料要求:按设计及相关规范规定 4. 混凝土种类:商品混凝土 5. 模板:模板安拆 [工程内容] 1. 混凝土制作、运输、浇筑、振捣、养护 2. 模板制作、安装、拆除、整理堆放及场内外运输 3. 清理模板黏结物及模内杂物、刷隔离剂等	m³	44.2	526.65	23 277.93	
12	010505007001	C30 悬挑板(天沟)	[项目特征] 1. 部位:综合 2. 混凝土强度等级:C30 3. 混凝土拌和料要求:按设计及相关规范规定 4. 混凝土种类:商品混凝土 5. 模板:模板安拆 [工程内容] 1. 混凝土制作、运输、浇筑、振捣、养护 2. 模板制作、安装、拆除、整理堆放及场内外运输 3. 清理模板黏结物及模内杂物、刷隔离剂等	m³	41.37	923.88	38 220.92	
13	010506001001	直形楼梯	[项目特征] 1. 混凝土强度等级:C30 2. 混凝土拌和料要求:按设计及相关规范规定 3. 混凝土种类:商品混凝土 4. 模板:模板安拆 [工程内容] 1. 混凝土制作、运输、浇筑、振捣、养护 2. 模板制作、安装、拆除、整理堆放及场内外运输 3. 清理模板黏结物及模内杂物、刷隔离剂等	m²	121.7	182.14	22 166.44	
			本页小计				83 665.29	

续表 - 09

序号	项目编码	项目名称	项目特征	计量单位	工程量	金额(元) 综合单价	金额(元) 合价	金额(元) 其中:暂估价
14	010507007001	C25 零星混凝土	[项目特征] 1. 构件的类型:综合 2. 混凝土强度等级:C25 3. 混凝土拌和料要求:按设计及相关规范规定 4. 模板:模板安拆 [工程内容] 1. 混凝土制作、运输、浇筑、振捣、养护 2. 模板制作、安装、拆除、整理堆放及场内外运输 3. 清理模板黏结物及模内杂物、刷隔离剂等	m³	2	959.38	1 918.76	
15	010503005001	过梁	[项目特征] 1. 混凝土强度等级:C20 2. 混凝土拌和料要求:按设计及相关规范规定 3. 运输距离:自行考虑 4. 模板:模板安拆 [工程内容] 1. 混凝土制作、运输、浇筑、振捣、养护 2. 模板制作、安装、拆除、整理堆放及场内外运输 3. 清理模板黏结物及模内杂物、刷隔离剂等	m³	2.6	701.65	1 824.29	
16	010515001001	现浇构件钢筋	[项目特征] 1. 钢筋种类、规格:现浇钢筋 2. 接头形式:按设计要求及相关规范规定 [工程内容] 1. 钢筋(网、笼)制作、运输 2. 钢筋(网、笼)安装	t	85.01	5 469.25	464 940.94	
17	010515002001	预制构件钢筋	[项目特征] 1. 钢筋种类、规格:综合含砌体加筋 2. 接头形式:按设计要求及相关规范规定 [工程内容] 1. 钢筋(网、笼)制作、运输 2. 钢筋(网、笼)安装	t	2.16	5 624.73	12 149.42	
			本页小计				480 832.41	

续表－09

序号	项目编码	项目名称	项目特征	计量单位	工程量	综合单价	合价	其中：暂估价
						金额（元）		
18	010516002001	预埋铁件	［项目特征］ 1. 钢材种类、规格：综合 2. 螺栓长度：综合 3. 铁件尺寸：综合 ［工程内容］ 1. 螺栓（铁件）制作、运输 2. 螺栓（铁件）安装	t	1.02	8 645.57	8 818.48	
	A.8	门窗工程						
1	010801001001	镶板木门	［项目特征］ 1. 门类型：全板夹板门 2. 框材质、外围尺寸：按设计 3. 做法详见：西南图集04J611，P6，YJA－0921 ［工程内容］ 1. 门制作、安装 2. 塞缝：含所有门窗的塞缝	m²	25	194.35	4 858.75	
2	010801001002	镶板木门	［项目特征］ 1. 门类型：半百叶夹板门 2. 框材质、外围尺寸：按设计 3. 做法详见：西南图集04J611，P6，YJA－0921 ［工程内容］ 1. 门制作、安装	m²	14	145.45	2 036.30	
3	010801001003	镶板带玻夹板门	［项目特征］ 1. 门类型：镶板带波夹板门 2. 框材质、外围尺寸：按设计 3. 做法详见：西南图集04J611，P9，DJA－1221 4. 窗材质：5 mm 厚净白色玻璃 ［工程内容］ 1. 门制作、安装	m²	111	118.25	13 125.75	
4	010801001004	半玻门带窗	［项目特征］ 1. 门类型：半玻门带窗 2. 框材质、外围尺寸：按设计 ［工程内容］ 1. 门制作、安装	m²	26	130.54	3 394.04	
			本页小计				32 233.32	

续表 - 09

序号	项目编码	项目名称	项目特征	计量单位	工程量	综合单价	合价	其中：暂估价
						金额（元）		
5	010802003001	钢质防火门	1.门类型：丙级防火门 2.框材质、外围尺寸：金属 3.扇材质、外围尺寸：按竣工图	m²	5	162.96	814.80	
6	010807001001	金属（塑钢）窗	［项目特征］ 1.窗类型：综合 2.框材质、外围尺寸：按设计 3.玻璃品种、厚度、五金材料、品种、规格：6 + 12 + 6 ［工程内容］ 1.窗安装	m²	336	272.35	91 509.60	
7	010807003001	金属百叶窗	［项目特征］ 1.窗类型：金属百叶窗 ［工程内容］ 1.窗安装	m²	141	240.71	33 940.11	
	A.9	屋面及防水工程						
1	010902001002	平屋面卷材防水	［项目特征］ 1. 保护层材料、厚度：40 厚1:2.5水泥砂浆保护层，分隔缝间距≤1.0 m 2. 找平层厚度：20 mm 厚1:2.5水泥砂浆保护层 3. 防水层卷材材料、厚度：CCR911 橡塑卷材防水层两道 4. 找平层材料、厚度：20 厚1:2.5水泥砂浆找平层 5. 排气管：DN50PVC，水平长150,高 300,下部 90 度弯头连接,上部 45°弯头转角 ［工程内容］ 1. 基层处理 2. 抹找平层 3. 铺防水层 4. 铺保护层 5. 浇筑面层 6. 材料运输	m²	414	219.31	90 794.34	
2	010901001001	瓦屋面	1. 做法：屋面类型详西南03J201 - 2,P5,2506c	m²	275	70.26	19 321.50	
			本页小计				236 380.35	

续表 – 09

序号	项目编码	项目名称	项目特征	计量单位	工程量	综合单价	合价	其中:暂估价
						金额(元)		
3	010903002001	卫生间墙面涂膜防水	[项目特征] 1. 具体做法:详见西南04J312 – 4 – 3107 2. 卷材、涂膜品种:丙烯酸脂防水涂料 3. 防水部位:卫生间楼面、墙面 4. 防水做法:墙面上翻 1 500 mm 5. 工程量计算规则:按实铺面积计算 [工程内容] 1. 基层处理 2. 刷基层处理剂 3. 铺涂膜防水层	m²	123	38.73	4 763.79	
4	010904002001	卫生间楼(地)面涂膜防水	[项目特征] 1. 具体做法:详见西南04J312 – 4 – 3107 2. 卷材、涂膜品种:丙烯酸脂防水涂料 3. 防水部位:卫生间楼面、墙面 4. 防水做法:墙面上翻 1 500 mm 5. 工程量计算规则:按实铺面积计算 [工程内容] 1. 基层处理 2. 刷基层处理剂 3. 铺涂膜防水层	m²	55	35.43	1 948.65	
	A. 10	保温、隔热、防腐工程						
		本页小计					6 712.44	

续表 - 09

序号	项目编码	项目名称	项目特征	计量单位	工程量	综合单价	合价	其中：暂估价
1	011001001002	保温隔热屋面	［项目特征］ 1.保温隔热部位：屋顶 2.保温隔热方式(内保温、外保温、夹心保温)：按设计 3.保温隔热材料品种、规格：30厚挤塑聚苯乙烯泡沫塑料保温板 干铺 4.保温材料2:1:0.2:3.5水泥粉煤灰陶粒混凝土找坡层，最薄处30 mm ［工程内容］ 1.基层清理 2.铺贴保温层	m²	690	85.4	58 926.00	
	A.11	楼地面装饰工程						
1	011101001001	水泥砂浆楼地面(储藏房)	［项目特征］ 1.面层厚度、砂浆配合比：20厚1:2水泥砂浆面层铁板赶光 ［工程内容］ 1.抹面层 2.材料运输	m²	23	13.18	303.14	
2	011102003002	块料楼地面(楼梯)	［项目特征］ 1.水泥砂浆铺地面砖 2.勾缝 ［工程内容］ 1.基层清理 2.垫层铺设 3.抹面层 4.材料运输	m²	122	106.1	12 944.20	
3	011102003003	地面砖楼面(卫生间)	［项目特征］ 1.水泥砂浆铺防滑地面砖 2.勾缝 ［工程内容］ 1.基层清理 2.垫层铺设 3.抹面层 4.材料运输	m²	55	58.66	3 226.30	
			本页小计				75 399.64	

续表－09

序号	项目编码	项目名称	项目特征	计量单位	工程量	金额（元）		
						综合单价	合价	其中：暂估价
4	011102003004	地面砖楼面（一般房间及公共部分）	［项目特征］ 1. 水泥砂浆铺地面砖 2. 勾缝 ［工程内容］ 1. 基层清理 2. 垫层铺设 3. 抹面层 4. 材料运输	m²	1 284	58.66	75 319.44	
5	011105003001	块料踢脚线	［项目特征］ 1. 水泥砂浆铺地砖踢脚板 ［工程内容］ 1. 基层清理 2. 垫层铺设 3. 抹面层 4. 材料运输	m	1 243	12.27	15 251.61	
6	010202003001	型钢栏杆	［项目特征］ 1. 具体做法：按竣工图 2. 扶手材料种类、规格、品牌、颜色：钢管扶手 3. 弯头：钢管弯头 ［工程内容］ 1. 制作安装 2. 运输 3. 刷防护材料 4. 刷油漆	m	78.4	87.71	6 876.46	
	A.12	墙、柱面装饰与隔断、幕墙工程						
1	011201001001	墙面一般抹灰	［项目特征］ 1. 具体做法：详见西南04J515－5－N08 2. 墙体类型：综合 3. 底层厚度、砂浆配合比：7厚1:3水泥砂浆打底扫毛，6厚1:3水泥砂浆垫层 4. 面层厚度、砂浆配合比：5厚1:2.5水泥砂浆罩面压光 ［工程内容］ 1. 基层清理 2. 砂浆制作、运输 3. 底层抹灰 4. 抹面层	m²	4 447	14.07	62 569.29	
		本页小计					160 016.8	

续表 - 09

序号	项目编码	项目名称	项目特征	计量单位	工程量	金额（元）		
						综合单价	合价	其中：暂估价
2	011201001002	外墙面抹灰	［项目特征］ 　1.具体做法:详见西南11J516－90－5310 　2.墙体类型:综合 　3.底层厚度、砂浆配合比:13厚1:3水泥砂浆打底,两次成活,扫毛或划出纹道 　4.面层厚度、砂浆配合比:7厚1:2水泥砂浆找平铁板压光水刷带出小麻面 ［工程内容］ 　1.基层清理 　2.砂浆制作、运输 　3.底层抹灰 　4.抹面层	m²	1 000	14.07	14 070.00	
3	010607005001	砌块墙钢丝网加固	［项目特征］ 　1.墙体材料:综合 　2.材料品种、规格、品牌、颜色:300 宽 0.8 厚钢丝网 ［工程内容］ 　1.基层清理 　2.基层铺钉	m²	2 556	9.39	24 000.84	
4	011204003001	卫生间瓷砖墙面	［项目特征］ 　1.墙体材料:综合 　2.底层厚度、砂浆配合比:水泥砂浆 　3.部位:卫生间墙裙 　4.材质:面砖	m²	123	58.2	7 158.6	
5	011204003002	外墙面砖	［项目特征］ 　1.墙体材料:综合 　2.底层厚度、砂浆配合比:水泥砂浆 　3.部位:外墙 　4.材质:面砖 　5.勾缝:密缝	m²	468	67.86	31 758.48	
	A.13	天棚工程						
			本页小计				76 987.92	

续表 - 09

序号	项目编码	项目名称	项目特征	计量单位	工程量	金额(元)		其中:暂估价
						综合单价	合价	
1	011301001001	天棚水泥砂浆抹灰	[项目特征] 1. 具体做法:按竣工图 2. 基层类型:现浇混凝土 3. 基层处理:水泥砂浆一道(加建筑胶适量) [工程内容] 1. 清理、湿润基层、调制砂浆 2. 底层抹灰 3. 抹面层	m²	1 650	11.81	19 486.50	
2	011302001001	卫生间铝合金吊顶	[项目特征] 1. 吊顶形式:铝合金扣板 2. 龙骨材料种类、规格、中距:铝合金龙骨 3. 部位:卫生间吊顶	m²	54	68.87	3 718.98	
	A. 14	油漆、涂料、裱糊工程						
1	011407002001	白色乳胶漆天棚	[项目特征] 1. 具体做法:详见西南04J515 - 13 - P06 2. 基层类型:一般抹灰面 3. 腻子:二遍腻子 3. 油漆品种、刷漆遍数:白色乳胶漆二遍 [工程内容] 1. 基层清理 2. 刷防护材料、油漆	m²	693	9.98	6 916.14	
2	011407001001	白色乳胶漆内墙面	[项目特征] 1. 具体做法:详见西南04J515 - P4 - N05 2. 基层类型:一般抹灰面 3. 腻子:二遍腻子 3. 油漆品种、刷漆遍数:白色乳胶漆二遍 [工程内容] 1. 基层清理 2. 刷防护材料、油漆	m²	1 484	8.2	12 168.8	
			本页小计				42 290.42	

续表 – 09

序号	项目编码	项目名称	项目特征	计量单位	工程量	综合单价	合价	其中：暂估价
						金额（元）		
3	011407001002	外墙漆墙面	［项目特征］ 1. 具体做法：详见西南 04J516 – P68 – 5409 2. 基层类型：一般抹灰面 3. 腻子种类：柔性耐水腻子 4. 刮腻子要求：二遍 5. 油漆品种、刷漆遍数：外墙漆二遍 ［工程内容］ 1. 基层清理 2. 刮腻子 3. 刷防护材料、油漆	m²	1 000	14.69	14 690.00	
		本页小计						
		合计					1 964 373.85	

表 – 09　　　　　　　　　　　施工技术措施项目清单计价表

工程名称：重庆市××迁建工程项目　　　　　　　　　　　　　　　　第　页 共　页

序号	项目编码	项目名称	项目特征	计量单位	工程量	综合单价	合价	其中：暂估价
						金额（元）		
	一	施工技术措施项目					75 441.26	
1	011701001001	综合脚手架		m²	1 720	12.01	20 657.2	
2	011703001001	垂直运输		m²	1 720	16.22	27 898.4	
3	011705001001	大型机械设备进出场及安拆		台次	1	26 885.66	26 885.66	
		本页小计					75 441.26	
		合计					75 441.26	

表－09－1

分部分项工程项目综合单价分析表（一）

工程名称：重庆市××迁建工程项目　　　　　　　　　　　　　　　　　　　　　　　　第　页　共　页

项目编码	010101001001	项目名称	平整场地							计量单位	m²		综合单价	3.45

定额编号	定额项目名称	单位	数量	基价直接工程费					小计	管理费		利润		综合单价
				基价人工费		基价材料费	基价机械费			费率(%)	金额	费率(%)	金额	风险费用
				定额基价人工费	定额人工单价(基价)调整	定额基价材料费	定额基价机械费	定额基价机械费 人工单价(基价)调整						人、材、机价差
AA0024	人工平整场地	100 m²	9.01	1 256.71	1 256.71				2 513.42	35.4	444.73	12	150.83	3 108.99
	合计			1 256.71	1 256.71				2 513.42	—	444.73	—	150.83	3 108.99

人工、材料、机械明细表

人工、材料及机械名称	单位	数量	基价单价	基价合价	市场单价	市场合价	备注
1. 人工							
土石方综合工日	工日	57.123 4	22	1 256.71	44	2 513.43	
2. 材料							
(1)未计价材料							
(2)辅助材料							
(3)其他材料费							

注：1. 此表适用于房屋建筑、仿古建筑、市政、构筑物、城市轨道交通、机械及爆破土石方、炉窑砌筑工程分部分项工程或技术措施项目清单综合单价分析。
2. 此表适用于基价直接工程费为计算基础的工程。
3. 定额人工单价(基价)调整＝定额基价人工费×［定额人工单价(基价)调整系数－1］，定额基价人工单价(基价)调整＝定额基价机械费×［定额人工单价(基价)调
整系数－1］，定额人工单价(基价)调整系数按有关文件规定执行。
4. 投标报价如不使用本市建设工程主管部门发布的依据，可不填定额项目、编号等。
5. 招标文件提供了暂估单价的材料，按暂估的单价填入表内，并在备注栏中注明为"暂估价"。
6. 材料应注明名称、规格、型号。

表－09－1

分部分项工程项目综合单价分析表（一）

工程名称：重庆市××迁建工程项目　　　　　　　　　　　　　　　　　　　　　　　　第　页　共　页

项目编码	01010300 2002	项目名称	余方弃置	计量单位	m³	综合单价	15.27

定额编号	定额项目名称	单位	数量	基价直接工程费					管理费		利润		综合单价		
				基价人工费		定额基价材料费	基价机械费	小计	费率（%）	金额	费率（%）	金额	风险费用	人、材、机价差	合价
				定额基价人工费	定额人工单价（基价）调整		定额基价机械费								
							定额机上人工单价（基价）调整								
AA0078	人力运石方 运距20 m以内	100 m³	0.42	429.84	429.84			859.68	35.4	152.12	12	51.58		58.62	1 122.01
AA0011	人工运土方 运距20 m以内	100 m³	4.81	2 629.63	2 629.63			5 259.26	35.4	930.64	12	315.54		358.59	6 864.01
合计				3 059.47	3 059.47			6 118.94	—	1 082.76	—	367.12		417.21	7 986.02

人工、材料、机械明细表

人工、材料及机械名称	单位	数量	基价单价	基价合价	市场单价	市场合价	备注
1.人工							
土石方综合工日	工日	139.066 9	22	3 059.47	47	6 536.14	
2.材料							
（1）未计价材料							
（2）辅助材料							
（3）其他材料费							

表－09－1

工程名称：重庆市××迁建工程项目

分部分项工程项目综合单价分析表（一）

第 页 共 页

项目编码	010502002001	项目名称	构造柱	计量单位	m³	综合单价	850.59

定额编号	定额项目名称	单位	数量	基价直接工程费 — 基价人工费：定额基价人工费	基价人工费：定额人工单价(基价)调整	基价材料费：定额基价材料费	基价机械费：定额基价机械费	基价机械费：定额机上人工单价(基价)调整	小计	管理费 费率(%)	管理费 金额	利润 费率(%)	利润 金额	风险费用	人、材、机价差	合价
AF0008	构造柱商品混凝土 C25	10 m³	0.15	61.46	61.46	246.14			369.06	11.9	36.6	4	12.30	3.69	245.55	667.2
AF0062	构造柱现浇混凝土模板	10 m³	0.15	129.45	129.45	166.52	13.22	1.25	439.89	11.9	36.79	4	12.37	3.71	115.93	608.69
合计				190.91	190.91	412.66	13.22	1.25	808.95	—	73.39	—	24.67	7.40	361.48	1 275.89

人工、材料、机械明细表

人工、材料及机械名称	单位	数量	基价单价	基价合价	市场单价	市场合价	备注
1. 人工							
综合工日	工日	7.636 5	25	190.91	47	358.92	
2. 材料							
（1）未计价材料							
（2）辅助材料							

表-09-1

人工、材料、机械明细表

人工、材料及机械名称	单位	数量	基价单价	基价合价	市场单价	市场合价	备注
商品混凝土 C25	m³	1.53	160	244.8	325	497.25	
水	m³	0.598 5	2	1.2	2.8	1.68	
锯材	m³	0.046 2	850	39.27	1 350	62.37	
组合钢模板	kg	27.156	3.5	95.05	6.8	184.66	
支撑钢管及扣件	kg	8.614 5	2.9	24.98	4.6	39.63	
（3）其他材料费							
其他材料费	元	—	—	7.36	—	7.36	
3. 机械							
木工圆锯机 φ500	台班	0.005 9	21.45	0.13	21.45	0.13	
载重汽车 6 t	台班	0.027 2	265.39	7.22	401.51	10.92	
汽车式起重机 5 t	台班	0.017 4	338.17	5.88	433.24	7.54	

表 – 10 施工组织措施项目清单计价表

工程名称:重庆市××迁建工程项目　　　　标段:　　　　　　　　　　第 页 共 页

序号	项目编码	项目名称	计算基础	费率（%）	金额（元）	调整费率（%）	调整后金额（元）	备注
1	011707001001	安全文明施工费						
2	011707002001	夜间施工	分部分项直接费＋技术措施直接费	0.77	8 251.85			
3	011707003001	非夜间施工照明	分部分项直接费＋技术措施直接费	0	0			
4	011707004001	二次搬运	分部分项直接费＋技术措施直接费	0.8	8 573.35			
5	011707005001	冬雨季施工	分部分项直接费＋技术措施直接费	0.6	6 430.02			
6	011707006001	地上、地下设施、建筑物的临时保护设施	分部分项直接费＋技术措施直接费	0	0			
7	011707007001	已完工程及设备保护	分部分项直接费＋技术措施直接费	0.2	2 143.34			
8	011707B11001	工程定位复测、点交及场地清理费	分部分项直接费＋技术措施直接费	0.18	1 929			
9	011707B12001	材料检验试验	分部分项直接费＋技术措施直接费	0.16	1 714.67			
10	011707B13001	特殊检验试验	分部分项直接费＋技术措施直接费	0	0			
11	011707B14001	住宅工程质量分户验收	建筑面积	135	7 786.23			
12	011707B15001	建设工程竣工档案编制费	分部分项直接费＋技术措施直接费	0.28	3 000.67			
合计					39 829.13			

注:1. 计算基础和费用标准按本市有关费用定额或文件执行。
　　2. 根据施工方案计算的措施费,可不填写"计算基础"和"费率"的数值,只填写"金额"数值,但应在备注栏说明施工方案出处或计算方法。
　　3. 特殊检验试验费用编制招标控制价时按估算金额列入,结算时按实调整。

表-11-1　　　　　　　　　　　暂列金额明细表

工程名称:重庆市××迁建工程项目　　　　　　标段:　　　　　　　　　　　　第　页　共　页

序号	项目名称	计量单位	暂定金额(元)	备注
1	轻钢雨篷	m^2	9 709	
2	白色 GRC 线条	m	815	
	合计		10 524	—

注:此表由招标人填写,如不能详列,也可只列暂列金额总额,投标人应将上述暂列金额计入投标总价中。

表-11-4　　　　　　　　　　　　计日工表

工程名称:重庆市××迁建工程项目　　　　　　　　　　　　　　　　　第　页　共　页

编号	项目名称	单位	暂定数量	实际数量	综合单价(元)	合价(元)	
						暂定	实际
1	人工						
1.1							
	小计		—		—		
2	材料						
2.1							
	小计		—		—		
3	机械						
3.1							
	小计		—		—		
	合计						

注:此表项目名称、暂定数量由招标人填写,编制招标控制价时,单价由招标人按有关计价规定确定;投标时,单价
由投标人自助报价,按暂定数量计算核价计入投标总价中。结算时,按发、承包双方确认的实际数量计算合价。

表-11-5　　　　　　　　　　　总承包服务费计价表

工程名称:重庆市××迁建工程项目　　　　　　标段:　　　　　　　　　　　　第　页　共　页

序号	项目名称	项目价值(元)	服务内容	计算基础	费率(%)	金额(元)
	合计					

注:此表项目名称、服务内容由招标人填写,编制招标控制价时,费率及金额由招标人按有关计价规定确定;投标时,
费率及金额由投标人自主报价,计入投标总价中。

表 –11 –6   索赔及现场签证计价汇总表

工程名称:重庆市××迁建工程项目   标段: 第 页 共 页

序号	索赔项目名称	计量单位	数量	单价(元)	合价(元)	签证及索赔依据
	本页小计					
	合计					

注: 此表项目名称、暂定数量由招标人填写,编制招标控制价时,单价由招标人按有关计价规定确定;投标时,单价由
投标人自主报价,按暂定数量计算合价计入投标总价中,结算时,按发、承包双方确认的实际数量计算合价。

表 –12   规费、税金项目计价表

工程名称:重庆市××迁建工程项目   标段: 第 页 共 页

序号	项目名称	计算基础	费率(%)	金额(元)
1	规费	社会保险费及住房公积金 + 工程排污费		52 190.29
1.1	社会保险费及住房公积金	分部分项工程量清单中的基价直接工程费 + 施工技术措施项目清单中的基价直接工程费	4.87	52 190.29
1.2	工程排污费			
2	税金	分部分项工程 + 措施项目 + 其他项目 + 规费	3.41	73 717.19
	合计			125 907.48

表 –13   人材机价差表

工程名称:重庆市××迁建工程项目   第 页 共 页

序号	编码	材料名称	规格	单位	数量	预算价(元)	市场价(元)	价差(元)	价差合计·(元)	备注
1	00010101	综合工日		工日	641.566 4	50	47	–3	–1 924.699	
2	00010101@1	综合工日		工日	7 843.260 5	50	47	–3	–23 529.781	
3	00010201@1	土石方综合工日		工日	139.066 9	44	47	3	417.201	
4	01010101@1	水泥	32.5	kg	149 053.05	0.25	0.4	0.15	22 357.957	

续表 - 13

序号	编码	材料名称	规格	单位	数量	预算价（元）	市场价（元）	价差（元）	价差合计（元）	备注
5	01020101@1	商品混凝土	C25	m³	364.038	160	325	165	60 066.27	
6	01020101@2	商品混凝土	C15	m³	21.216	160	310	150	3 182.4	
7	01020101@3	商品混凝土	C30	m³	514.473	160	330	170	87 460.41	
8	01020101@4	商品混凝土	C20	m³	10.224 5	160	320	160	1 635.92	
9	01020101@5	商品混凝土	C20	m³	31.926	160	320	160	5 108.16	
10	02010103@1	缆风桩木		m³	0.017 2	600	1 080	480	8.256	
11	02020101@1	锯材		m³	38.847 7	850	1 350	500	19 423.85	
12	02030101@1	枕木		m³	0.006	850	1 350	500	3	
13	03010101	钢材		t	2.636 5	2 600	4 100	1 500	3 954.75	
14	03020101	钢筋		t	88.619 3	2 600	4 100	1 500	132 928.95	
15	03020102	钢筋		kg	104.408	2.6	4.1	1.5	156.612	
16	03060701@1	扁钢		kg	272.204 8	2.9	4.1	1.2	326.646	
17	03061204@1	圆钢	Φ18	kg	431.513 6	2.9	4.1	1.2	517.816	
18	05010101@1	特细砂		t	445.964 4	25	47	22	9 811.217	
19	05020203	碎石	5 ~ 10 mm	t	0.322 9	25	40	15	4.844	
20	05020204	碎石	5 ~ 31.5 mm	t	3.707 8	25	41	16	59.325	
21	05020206	碎石	5 ~ 60 mm	t	13.8	25	39	14	193.2	
22	05040101@1	标准砖	240 × 115 × 53	千块	11.371 3	180	310	130	1 478.269	
23	05040102	标准砖	200 × 95 × 53	千块	101.260 8	130	300	170	17 214.336	
24	05040102@1	标准砖	200 × 95 × 53	千块	44.643 6	130	300	170	7 589.412	
25	05040401	页岩空心砖		m³	303.782 4	95	170	75	22 783.68	
26	05040803@1	陶粒		m³	38.899 1	68.85	300	231.2	8 991.527	
27	06020801@1	塑钢窗		m²	329.28	60	235	175	57 624	
28	06020901	金属百叶窗		m²	138.18	60	216	156	21 556.08	
29	15020401@1	地面砖		m²	1 590.747 9	38	30	− 8	− 12 725.983	
30	16030603	成品腻子粉（防水型）		kg	1 750	0.8	1.5	0.7	1 225	

续表 - 13

序号	编码	材料名称	规格	单位	数量	预算价（元）	市场价（元）	价差（元）	价差合计（元）	备注
31	21020901@1	聚苯保温板		m²	703.8	20	55	35	24 633	
32	22010101@1	防水卷材	CCR911橡塑卷材防水层	m²	1 191.4	12	35	23	27 402.2	
33	22030501@1	改性沥青涂膜防水材料	改性沥青涂膜防水材料	kg	489.5	5	10	5	2 447.5	
34	22030501@2	丙烯酸脂防水涂料		kg	665.268 9	5	8	3	1 995.807	
35	35010301@1	组合钢模板		kg	4 617.317 6	3.5	6.8	3.3	15 237.148	
36	35040601@1	支撑钢管及扣件		kg	2 508.529 7	2.9	4.6	1.7	4 264.5	
37	35060101@1	脚手架钢材		kg	879.264	2.9	4.6	1.7	1 494.749	
38	36290101	水		m³	37.586	2	2.8	0.8	30.069	
39	36290101@1	水		m³	737.46	2	2.8	0.8	589.968	
40	CY@1	柴油		kg	1 040.449 1	2.5	5.9	3.4	3 537.527	
41	QY@1	汽油		kg	206.622 1	3	5.9	2.9	599.204	
42	RG@1	人工		工日	258.052 1	52.92	50	-2.92	-753.512	
			合计						529 376.783	

复习题

1. 使用国有资金投资的建设工程承、发包,必须采用( )计价。

    A. 工程定额计价　　　　　　　　　B. 工程量清单计价

    C. 计算机软件计价　　　　　　　　D. 统一计价

2. 工程量清单应采用( )计价。

    A. 工料单价　　　　　　　　　　　B. 消耗量定额

    C. 综合单价　　　　　　　　　　　D. 人工方式

3. 措施项目中的安全文明施工费必须按国家或省级、行业建设主管部门的规定计算,( )。

    A. 不得作为竞争性费用　　　　　　B. 可以部分作为竞争性费用

C.完全可以作为竞争性费用　　　　　　D.投标人可适当下浮

4.构成合同文件组成部分的投标文件中已标明价格,经算术性错误修正且承包人已确认的工程量清单称为(　　)。

　　A.工程量清单　　　　　　　　　　B.招标工程量清单

　　C.投标报价表　　　　　　　　　　D.已标价工程量清单

5.(　　)是指分部分项工程和措施项目清单名称的阿拉伯数字标识。

　　A.序号　　　　　　　　　　　　　B.项目编码

　　C.清单编码　　　　　　　　　　　D.定额编号

6.(　　)是指构成分部分项工程项目、措施项目自身价值的本质特征。

　　A.项目编码　　　　　　　　　　　B.项目特征

　　C.主要工作内容　　　　　　　　　D.计量单位

7.总承包人为配合协调发包人进行的专业工程发包,对发包人自行采购的材料、工程设备等进行保管以及施工现场管理、竣工资料汇总整理等服务所需的费用称为(　　)。

　　A.总承包服务费　　　　　　　　　B.按实计算费用

　　C.措施项目费　　　　　　　　　　D.暂估价

8.发包人现场代表与承包人现场代表就施工过程中涉及的责任事件所作的签认证明,称为(　　)。

　　A.协议书　　　　　　　　　　　　B.合同补充条款

　　C.现场签证　　　　　　　　　　　D.索赔

9.招标工程量清单必须作为(　　)的组成部分,其正确性和完整性应由招标人负责。

　　A.招标文件　　　　　　　　　　　B.投标文件

　　C.施工图预算　　　　　　　　　　D.合同文件

10.招标工程量清单必须作为招标文件的组成部分,其正确性和完整性应由(　　)。

　　A.投标报价人　　　　　　　　　　B.设计人员

　　C.造价事务所　　　　　　　　　　D.招标人负责

11.国有资金投资的建设工程招标,招标人必须(　　)。

　　A.编制工程量清单　　　　　　　　B.编制招标文件

　　C.编制招标控制价　　　　　　　　D.编制计价定额

12.措施项目清单必须根据相关工程(　　)的规定编制。

　　A.现行国家计量规范　　　　　　　B.现行行业计量规范

　　C.企业定额计量规范　　　　　　　D.投标企业计量规范

13.招标控制价应按照《建设工程工程量清单计价规范》的规定编制,(　　)。

　　A.可适量上调　　　　　　　　　　B.可适量下浮

　　C.不应上调或下浮　　　　　　　　D.视市场调整

14.综合单价中(　　)招标文件中划分的应由投标人承担的风险范围及其费用。

　　A.不应包括　　　　　　　　　　　B.可部分包括

　　C.应包括　　　　　　　　　　　　D.应按一定比例包括

15.按照《建设工程工程量清单计价规范》的规定,投标人经复核认为招标人公布的招标控制价未按计价规范的规定进行编制的,应在招标控制价公布后( )向招投标监督机构和工程造价管理机构投诉。

    A.2 天内   B.3 天内

    C.4 天内   D.5 天内

16.投标报价( )工程成本。

    A. 不得等于   B. 不得低于

    C. 不得高于   D. 不得多于

17.投标人必须按招标工程量清单填报价格。项目编码、项目名称、项目特征、计量单位、工程量( )。

    A. 可以根据实际情况适当调整

    B. 宜与招标工程量清单一致

    C. 严禁与招标工程量清单完全一致

    D. 必须与招标工程量清单一致

18.投标人的投标报价高于招标控制价的( )。

    A. 应予适当扣分   B. 应予鼓励

    C. 应予废标   D. 不应废标

19.投标总价应当与分部分项工程费、措施项目费、其他项目费和规费、税金的合计金额( )。

    A. 有差价   B. 一致

    C. 有上调   D. 有下浮

20.实行招标的工程合同价款应在中标通知书发出之日起( ),由发、承包双方依据招标文件和中标人的投标文件在书面合同中约定。

    A.20 天内   B.20 天后

    C.30 天内   D.30 天后

21.单价合同的工程量必须以( )工程量确定。

    A. 承包人完成合同工程应予计量的

    B. 招标文件中,招标工程量清单中标定的

    C. 投标报价中,已标价工程量清单中认定的

    D. 编制招标控制价时使用的

22.建筑安装工程按照( )由分部分项工程费、措施项目费、其他项目费、规费、税金组成。

    A. 工程造价形成   B. 国家规定

    C. 费用构成要素   D. 合同规定

23.( )是指按计时工资标准和工作时间或对已做工作按计件单价支付给个人的劳动报酬。

    A. 人工费   B. 计时工资或计件工资

    C. 人工工资   D. 特殊情况下支付的工资

24.(　　)是指按工资总额构成,支付给从事建筑安装工程施工的生产工人和附属生产单位的工人的各项费用。

A.人工费　　　　　　　　　　　　B.计时工资

C.计件工资　　　　　　　　　　　D.津贴补贴

25.(　　)是指构成或计划构成永久工程一部分的机电设备、金属结构设备、仪器装置及其他类似的设备和装置。

A.施工机械　　　　　　　　　　　B.工程设备

C.施工机具　　　　　　　　　　　D.仪器仪表

26.(　　)是企业按规定发放的劳动保护用品的支出。

A.津贴补贴　　　　　　　　　　　B.劳动保护费

C.劳动保险费　　　　　　　　　　D.职工福利费

27.按规定支付的在法定节假日工作的加班工资和在法定日工作时间外延时工作的加点工资称为(　　)。

A.津贴补贴　　　　　　　　　　　B.奖金

C.加班加点工资　　　　　　　　　D.计时工资或计件工资

28.(　　)是指为完成建设工程施工,发生于该工程施工前和施工过程中的技术、生活、安全、环境保护等方面的费用。

A.规费　　　　　　　　　　　　　B.安全文明施工费

C.措施项目费　　　　　　　　　　D.临时设施费

29.下列中的(　　)属于特殊情况下支付的工资。

A.探亲假工资　　　　　　　　　　B.特殊地区施工津贴

C.高空津贴　　　　　　　　　　　D.节约奖

30.(　　)是指施工过程中耗费的原材料、辅助材料、构配件、零件、半成品或成品、工程设备的费用。

A.材料原价　　　　　　　　　　　B.材料价格

C.材料费　　　　　　　　　　　　D.材料单价

31.施工作业所发生施工机械、仪器仪表使用费或其租赁费称为(　　)。

A.施工机械使用费　　　　　　　　B.机械费

C.施工机具使用费　　　　　　　　D.仪器仪表使用费

32.(　　)以施工机械台班耗用量乘以施工机械台班单价表示。

A.施工机械使用费　　　　　　　　B.施工机具使用费

C.仪器仪表使用费　　　　　　　　D.工程设备费

33.(　　)指按现行国家计量规范对各专业工程划分的项目。

A.专业工程　　　　　　　　　　　B.分部分项工程

C.措施项目　　　　　　　　　　　D.其他项目

34.(　　)是指建设单位在工程量清单中暂定并包括在工程价款中的一笔款项。

A.暂列金额　　　　　　　　　　　B.暂估价

C.规费　　　　　　　　　　　　　D.措施费

35. 施工过程中,施工企业完成建设单位提出的施工图纸以外的零星项目或工作所需的费用称( )。

  A. 零星工作项目   B. 计日工

  C. 计件工   D. 协议工

36. ( )是指总承包人为配合、协调建设单位进行的专业工程发包,对建设单位自行采购的材料、工程设备等进行保管以及施工现场管理、竣工资料汇总整理等服务所需的费用。

  A. 规费   B. 其他项目费

  C. 专业工程费   D. 总承包服务费

37. ( )是指施工企业平均技术熟练程度的生产工人在每工作日(国家法定工作时间内)按规定从事施工作业应得的日工资总额。

  A. 人工费   B. 日工资单价

  C. 管理费   D. 定额人工费

38. 下列中的( )是错误的。

  A. 人工费 = $\sum$(工日消耗量×日工资单价)

  B. 材料费 = $\sum$(材料消耗量×材料单价)

  C. 施工机具使用费 = $\sum$(施工机械台班消耗量×施工机械台班单价)

  D. 施工机械使用费 = $\sum$(施工机械台班消耗量×机械台班租赁单价)

39. 各专业工程计价定额的使用周期原则上为( )。

  A. 3 年   B. 4 年

  C. 5 年   D. 6 年

40. 计日工由建设单位和施工企业按施工过程中的( )计价。

  A. 实际发生   B. 协议

  C. 定额单价   D. 签证

41. 建筑安装工程费按( )划分,由人工费、材料费、施工机具使用费、企业管理费、利润、规费和税金组成。

  A. 费用构成要素   B. 繁简程度

  C. 市场要素   D. 计算方式

42. 建设单位和施工企业均应按省、自治区、直辖市或行业建设主管部门发布标准计算规费和税金,( )。

  A. 能够作为竞争性费用   B. 可以优惠少计

  C. 可以多计算以获得更好效益 D. 不得作为竞争性费用

43. 施工企业在使用计价定额时,除不可竞争费用外,( ),由施工企业投标时自主报价。

  A. 其余仅作参考   B. 其余必须严格执行

  C. 其他由双方协调决定   D. 其余由建设行政主管部门规定

44. ( )由建设单位在招标控制价中根据总承包服务范围和有关计价规定编制,施工企业投标时自主报价,施工过程中按签约合同价执行。

A. 规费   B. 措施项目费

C. 总承包服务费   D. 其他项目费

45. 总承包服务费由建设单位在招标控制价中根据总承包服务范围和有关计价规定编制,施工企业投标时( ),施工过程中按签约合同价执行。

A. 自主报价   B. 按规定报价

C. 按招标控制价报价   D. 按行业规定报价

46. ( )指施工机械在运转作业中所消耗的各种燃料及水、电等。

A. 材料费   B. 其他材料费

C. 大修理费   D. 燃料动力费

47. ( )是指材料、工程设备自来源地运至工地仓库或指定堆放地点所发生的全部费用。

A. 材料原价   B. 运杂费

C. 运输损耗费   D. 采购及保管费

48. 材料费中的( )是指构成或计划构成永久工程一部分的机电设备、金属结构设备、仪器装置及其他类似的设备或装置。

A. 辅助材料   B. 工程设备

C. 半成品或成品   D. 零件

49. 下列中的( )属于劳动保护费。

A. 加班费   B. 病假工资

C. 防暑降温饮料费   D. 现场临时宿舍取暖费

50. ( )是指施工管理用财产、车辆等的保险费用。

A. 工会经费   B. 社会保险费

C. 保险费   D. 财产保险费

学习情境四 预算审查与工程结算

任务一 施工图预算的审查

一、建筑工程施工图预算审查的目的

建筑工程施工图预算是对工程项目实施管理所依据的重要经济技术文件,其准确性不仅直接关系到建设单位和施工单位的经济利益,而且影响建筑工程经济合理性的判断。因此,对施工图预算进行认真的审查,是十分必要的。

对建筑工程施工图预算进行审查的目的在于以下几个方面:

(1)及时发现预算中可能存在的高估冒算、套取建设资金,或丢项漏项、有意压低工程造价等问题,从而合理确定建筑工程造价。

(2)保证建设单位投资使用合理,施工企业合理合法。

(3)促进施工企业加强管理,向技术、质量、工期要效益。

此外,对施工图预算的审查还能为施工企业项目管理提供更加准确的信息,促进预算编制人员业务水平的提高。

二、建筑工程施工图预算审查的原则和依据

(一)审查施工图预算的原则

1.坚持实事求是、理论联系实际的原则

审查施工图预算的根本目的是核实工程造价,在审查预算文件的过程中,首先要认真执行党和国家的基本建设方针与政策,逐项合理核实预算造价。无论是发现高估冒算,还是发现漏项少算,都应如实纠正,不得有偏护。

2.坚持清正廉洁的原则

审查人员应站在维护甲、乙双方合法利益的立场,加强法制观念,杜绝不正之风,合理确定工程造价。

3.坚持科学的态度,充分协商,共同讨论的原则

施工图预算的审查是一项专业性、政策性较强的工作,由于许多项目计价因素复杂,审查中常会因理解分歧而产生争议,对此,各方应本着科学的态度,充分讨论,协商定案。协商、讨论仍不能取得统一意见时,应报有关部门仲裁处理。

(二)审查建筑工程施工图预算的依据

(1)国家现行的与工程造价有关的各种方针、政策、规定。

(2)经过审查,甲乙双方认可的施工图纸。

(3)工程施工合同(或招标文件)。

(4)现行建筑工程预算定额(基价表)及相关规定。

(5)各类造价信息资料。

(6)各类变更和洽商文件或记录。

三、建筑工程施工图预算审查的组织形式和审查方法

(一)组织形式

1.单独审查

单独审查一般是指施工图预算经编制单位自审后,将预算书送交建设单位或有关部门进行审查,建设单位和有关部门依靠自己的技术力量进行审查后,对审查中发现的问题与施工单位交换意见并协商解决。

2.委托审查

委托审查一般是指建设单位或有关部门自身技术力量不足,难以独立完成审查,故委托具有审查资格的咨询机构代其进行审查。审查中发现的问题,由委托方、建设方与施工单位交换意见,协商定案。

3.会审

会审也叫联合审查。对建设规模大、结构复杂、造价较高的工程项目,不宜采取单独审查和委托审查的审查方式,故采用设计、建设、施工单位会同有关部门一起审查的方式。这种组织形式定案时间短、效率高,但组织工作量较大。

(二)审查方法

施工图预算审查常用的方法有以下几种。

1.全面审查法

全面审查法又叫逐项审查法,就是对工程量计算、定额套用、费用计算全过程逐一进行审查的方法。其具体计算方法和审查过程与编制施工图预算基本相同。此法优点是全面、细致,经审查的预算差错少、质量较高,缺点是工作量大、费时费力。对于那些工程量比较小、工艺比较简单,或造价争议较大的工程项目,可采用全面审查法。

2.重点审查法

重点审查法又叫重点抽查法、抽项审查法等。此法是抓住施工图预算中的重点进行审查的方法。审查的重点一般是工程量大、造价较高、结构复杂的分部(分项)工程,容易套错定额细目的分项工程,补充定额及单位估价表,费用计取(取费基础、取费标准)等内容。重点审查法是预算审查最常用的方法,优点是重点突出、审查时间短、效果好。

3.经验指标审查法

经验指标审查法又叫简略审查法。指利用长期积累的经验指标、国家规定的有关指标、已建成的同类建筑造价指标进行审查,也可按通用设计、标准图纸,预先编出比较准确的造价指标,用于同类型工程项目的预算审查。此法的优点是速度快、审查质量基本能得到保证。适用于大量使用标准设计、通用设计的建筑工程施工图预算审查。

四、建筑工程施工图预算审查的步骤

建筑工程施工图预算审查步骤一般如下：

(1)熟悉施工图纸、施工合同、施工现场情况、施工组织设计或施工方案。

(2)弄清预算采用的定额资料,初步熟悉拟审预算,确定审查方法。

(3)进行具体审查计算,核对工程量、定额套用、费用计算及价差调整等。

(4)整理审查结果,与送审单位、设计单位和有关部门交换审查意见。

(5)审查定案,将审定结果形成审查文件,通知各有关单位。

五、建筑工程施工图预算审查的主要内容

建筑工程施工图预算的主要内容是计算工程量,套用定额,计算直接费,在直接费基础上计取其他费用,确定造价。审查的主要内容也包括审查工程量、审查定额套用、审查取费计算。

(一)工程量的审查

1. 土石方工程

(1)平整场地,地槽、地坑的概念是否清楚,有无重复计算。

(2)是否应该放坡、支挡土板、增加工作面。

(3)土壤类别是否与勘查资料一致,土石比例是否合理。

(4)运土数量及运距是否正确,是否符合施工组织设计的规定。

(5)是否将内墙净长与内墙基槽净长混淆使用。

2. 桩基工程

(1)钻孔灌注桩的进尺、灌注混凝土量是否按规定计算(平均桩深、嵌岩深度、桩深等)。

(2)主筋、螺旋箍筋、加劲箍筋的计算是否正确(平均桩深、加密区、桩头伸入承台梁长度等)。

(3)泥浆运输量计算是否合理。

(4)人工挖孔桩的土石方量计算是否合理(开挖直径、嵌岩深度、桩深等)。

(5)人工挖孔桩的护壁混泥土、桩芯混泥土量计算是否合理。

(6)是否考虑了"小量工程"因素。

3. 脚手架工程

(1)综合脚手架与单项脚手架概念是否清楚,计算是否合理。

(2)注意单项脚手架计算是否符合计算规则的规定。

4. 砌筑工程

(1)各种砌筑体工程量计算是否符合设计及工程量计算规则的规定,该扣除和该增加的部分是否扣除和增加。

(2)基础与墙身的划分是否准确。

(3)是否将标号不同、种类不同的砂浆砌体分别计算。

(4)注意计算"零星项目"的项目是否合理,结果是否正确。

（5）墙厚是否按实际尺寸计算。

5．土及钢筋混泥土工程

（1）现浇与预制、预应力与非预应力混泥土和钢筋是否分别计算、分别汇总。

（2）不同强度等级的混泥土是否按设计分别汇总。

（3）现浇各类构件的计算界线划分是否正确。

（4）要特别注意预制构件的制作、运输、安装工程量之间的关系，既不能相混也不能用错系数。

（5）钢筋是否重复计算损耗量。

6．金属结构工程

审查金属结构工程量时要注意金属构件的制作、运输及安装均不考虑整体构件的损耗。运输、安装则应按定额考虑增加焊缝质量，但制作时的钢材耗损以及铆钉、螺栓等质量已包括在定额中，不得重复计算。还要注意审查构件的运输距离是否与实际情况一致。

7．木结构工程

（1）各种门窗工程量是否按洞口面积计算，无框门及特种门是否按门窗外围面积计算。

（2）铝合金卷帘门安装工程量是否准确。

（3）带半圆窗的窗工程量计算界线是否准确。

（4）屋架中各杆件计算和木屋架的竣工木料计算是否准确。

8．楼地面工程

（1）整体地面计算时应该扣除的面积是否准确。

（2）块料面层是否增加了开口部分面积，开口部分面积计算是否准确。

（3）块料面层踢脚板与定额规定高度不一致时，是否进行了调整，调整比例、方法是否正确。

9．屋面工程

（1）屋面坡度系数是否正确。

（2）柔性屋面的女儿墙、伸缩缝、天窗等处的弯起部分工程量是否按设计或规定计算。

（3）刚性屋面泛水弯起部分是不能增加工程量的，计算时是否增加了。

（4）刚性屋面与现浇挑檐是否划分清楚，工程量计算界线是否划分清楚。

（5）屋面排水的水落管、弯头、水斗、雨水口是否按计算规则的规定进行计算。

10．装饰工程

（1）不同材料、不同做法、不同部分的工程量是否按计算规则的规定分项分别计算。

（2）外墙、内墙面抹灰面积计算，是否符合设计或定额的规定，特别要审查是否计算了门边、窗边的面积。

（3）按面积乘系数计算的工程量，系数、面积是否符合定额的规定。

11．其他工程

（1）垂直运输、超高降效费是否是按整栋房屋的建筑面积计算的。

（2）塔吊基础是否按规定计算（例如塔吊座数、基础混凝土方量、是否另有钻孔混凝土桩等）。

（3）特大型机械安、拆及场外运输费用是否符合定额的规定（例如塔吊高度、试运转、回程等）。

（二）定额单价的审查

1. 单价套用的审查

工程预（结）算中所列的分项工程名称、规格、计量单位是否与基价表内容完全一致，否则套用错误。

2. 单价换算的审查

对基价表规定不能换算的项目，不能找借口任意换算；对定额允许换算的项目，需审查其换算依据和换算方法是否符合规定。

3. 补充单价的审查

主要审查编制补充定额及单价的方法、依据是否科学合理，是否符合有关规定。

（三）各项费用的审查

主要审查工程类别、取费系数、计算程序是否恰当，价差调整的依据和方法是否合理、恰当。

任务二　工程结算

一、工程结算的定义及主要方式

（一）工程结算的定义

工程结算是指建设工程价款结算，是对建设工程的发、承包合同价款依据合同约定及相关规定进行工程预付款、工程进度款、工程竣工价款、工程尾款结算的活动。

（二）工程结算的主要方式

1. 按月结算

实行旬末或月中预支，月终结算，竣工后清算的方法。跨年度竣工的工程，在年终进行工程盘点，办理年度结算。

2. 分段结算

分段结算即当年开工，当年不能竣工的单项工程或单位工程按照工程形象进度，划分不同阶段进行结算。

3. 竣工后一次结算

建设项目或单项工程全部建筑安装工程建设期在 12 个月以内，或者工程承包价值在100 万元以下的，可以实行工程价款每月月中预支，竣工后一次结算。

4. 目标结算方式

目标结算方式即在工程合同中，将承包工程的内容分解成不同的控制界面，以业主验收控制界面作为支付工程款的前提条件。也就是说，将合同中的工程内容分解成不同的验收单元，当施工单位完成单元工程内容并经业主验收后，业主支付构成单元工程内容的工程价款。

在目标结算方式下,施工单位要想获得工程价款,必须按照合同约定的质量标准完成界面内的工程内容,要想尽早获得工程价款,施工单位必须充分发挥自己的组织实施能力,在保证质量的前提下,加快施工进度。

5.结算双方约定的其他结算方式

实行预收备料款的工程项目,在承包合同或协议中应明确发包单位(甲方)在开工前拨打给承包单位(乙方)工程预备料款的预付数额、预付时间,开工后扣还备料款的起扣点、逐次扣还的比例,以及办理的手续或方法。

按照有关规定,备料款的预付时间应不迟于约定的开工日期前7天,发包方不按约定预付时间支付备料款,7天后承包方发出要求预付的通知、发包方收到通知后仍不按要求预付,承包方可在发出通知后7天停止施工,发包方应从约定之日起向承包方支付应付款的贷款利息,并承担违约责任。

二、工程结算的方法

(一)预付款

1.预付款的定义

预付款是在开工前,发包人按照合同约定,预先支付给承包人用于购买合同工程施工所需的材料、工程设备以及组织施工机械和人员进场等的款项。它是施工准备所需流动资金的主要来源,预付款必须专用于合同工程,国内习惯上又称为预付备料款。预付款的额度和预付办法在专用合同条款中约定。

2.预付款的额度

预付款的额度一般是根据施工工期、建筑安装工作量、主要材料和构件费用所占建筑安装工程费的比例以及材料储备周期等因素经测算来确定。方法如下:

1)百分比法

发包人根据工程特点、工期长短、市场行情、供求规律等因素,招标时在合同条件中约定工程预付款的百分比。根据《重庆市建设工程工程量清单计价规则》CQJJGZ—2013(简称《计价规则》)第10.1.2条规定:"包工包料的预付款的支付比例不得低于签约合同价(扣除暂列金额)的10%,不宜高于签约合同价(扣除暂列金额)的30%。"

2)公式计算法

公式计算法是根据主要材料(含结构件等)占年度承包工程总价的比重、材料储备定额天数和年度施工天数等因素,通过公式计算预付款额度的一种方法。计算公式为

$$工程预付款数额 = \frac{年度工程造价 \times 材料所占比例(\%)}{年度施工天数} \times 材料储备定额天数 \qquad (4-1)$$

式中,年度施工天数按365天日历天计算;材料储备定额天数由当地材料供应的在途天数、加工天数、整理天数、供应间隔天数、保险天数等因素确定。

【例4-1】　某办公楼工程,年度计划完成建筑安装工作量600万元,年度施工天数为350天,材料费占造价的比重为60%,材料储备期为120天,试确定预付款数额。

解:预付款数额 = (600×0.6/350)×120 = 123.43(万元)

3.预付款的支付时间

发、承包双方应该在合同中约定支付时间,如合同签订后一个月支付、开工前7天支

付等;约定抵扣方式,如在工程进度款中按比例抵扣;约定违约责任,如不按合同约定支付预付款的利息计算、违约责任等。

根据《计价规则》第 10.1.3 条规定:承包人在签订合同或向发包人提供与预付款等额的预付款保函后向发包人提交预付款支付申请,第 10.1.4 条规定:发包人应该在收到支付申请的 7 天内进行核实,向承包人发出预付款支付证书,并在签发支付证书后的 7 天内向承包人支付预付款。

4. 预付款担保

1) 预付款担保的概念及作用

预付款担保是指承包人与发包人签订合同后领取预付款前,承包人正确、合理使用发包人支付的预付款而提供的担保。其主要作用是保证承包人能够按照合同规定的目的使用并及时偿还发包人已支付的全部预付款金额。如果承包人中途毁约,终止工程,使发包人不能在规定期限内从应付工程款中扣除全部预付款,则发包人有权从该项担保金额中获得补偿。

2) 预付款担保的形式

预付款担保的主要形式为银行保函。预付款担保的担保金额通常与发包人的预付款是等值的。预付款一般逐月从工程预付款中扣除,预付款担保的担保金额也相应逐月减少,但在预付款全部扣回之前保持有效。承包人在施工期间,应当定期从发包人处取得同意此保函减值的文件,并送银行确认。承包人还清全部预付款后,发包人应在预付款扣完后的 14 天内退还预付款保函,承包人将其退回银行注销,解除担保责任。

预付款担保也可以采用发、承包双方约定的其他形式,如由担保公司提供担保,或采取抵押等担保形式。

5. 预付款扣回

发包人支付给承包人的预付款属于预支性质,随着工程的逐步实施,原已经支付的预付款应以充抵工程价款的方式陆续扣回,抵扣方式应由双方当事人在合同中明确约定。抵扣的方法主要有以下两种。

1) 按合同约定扣款

预付款的扣款方法由发包人和承包人通过洽商后在合同中予以确定,一般是承包人完成金额累计达到合同总价的一定比例后,由承包人开始向发包人还款,发包人从每次应付给承包人的金额中扣回预付款,额度由双方在合同中约定,发包人在合同约定的完工期前将预付款的总金额逐次扣回。

2) 起扣点计算法

起扣点计算法是指从未施工工程尚需的主要材料及构件的价值相当于预付款数额时起扣,此后每次结算工程价款时,按材料所占比重扣减工程价款,至工程竣工前全部扣清。

起扣点的计算公式为

$$T = P - \frac{M}{N} \tag{4-2}$$

式中　T——起扣点;

　　　P——签约的合同价;

M——预付款总额；

N——主要材料及构件所占比重。

【例4-2】 某建筑工程承包合同价款总额为500万元,预付备料款占工程价款的25%,经测算,主要材料和结构构件金额占工程造价的62.5%,每月实际完成工程量如表4-1所示。

表4-1　逐月完成工程量金额

月份	1	2	3	4	5	6
完成工程量金额(万元)	25	50	100	200	75	50

解:(1)预付工程备料款 $= 500 \times 25\% = 125$(万元)

(2)预付款的起扣点:

$$T = P - M/N = 500 - 125/62.5\% = 300(万元)$$

(3)各月工程结算款:

1月:工程结算款25万元,累计25万元;

2月:工程结算款50万元,累计75万元;

3月:工程结算款100万元,累计175万元;

4月:完成工程量为200万元,但因为 $200 + 175 = 375$(万元),已超过起扣点,超过额为 $375 - 300 = 75$(万元),故应从75万元中扣除预付备料款。

所以4月结算工程款应为

$200 - 75 \times 62.5\% = 153.125$(万元),累计328.125万元;

5月:结算工程款为 $75 \times (1 - 62.5\%) = 28.125$(万元),累计356.25万元;

6月:结算工程款 $50 \times (1 - 62.5\%) = 18.75$(万元),累计375万元。

为了规范计价行为,《计价规则》给出了"预付款支付申请(核准)表"的规范格式,如附表1所示。

(二)进度款

进度款是在工程施工过程中,发包人按照合同约定对付款周期内承包人完成的合同价款给予支付的款项,也是合同价款期中结算支付。发、承包双方应按照合同约定的时间、程序和方法,根据工程计量结果,办理期中价款结算,支付进度款。进度款的支付周期应与合同约定的工程计量周期一致,即工程计量是支付工程进度款的前提和依据。

1.工程计量

1)工程计量的概念

工程计量就是发、承包双方根据合同约定,对承包人完成合同工程的数量进行的计算和确认。具体而言,就是双方根据设计图纸、技术规范以及施工合同约定的计量方式或计算方法,对承包人已经完成的质量合格的工程实体数量进行测量与计算,并以物理计量单位或自然计量单位进行表示、确认的过程。

招标工程量清单中所列的数量,通常是根据设计图纸计算的数量,是对合同工程的估计工程量。工程施工过程中,通常会出现一些原因导致承包人完成的工程量与工程量清单中所列的工程量不一致,比如:招标工程量清单缺项、漏项或者项目特征描述与实际不符;现场条件的变化;现场签证;暂列金额的专业工程发包等。工程结算是以承包人实际完成的应予以计量的工程量为准,因此在工程合同价款结算前,必须对承包人履行合同义务所完成的实际工程量进行准确的计量。

2)工程计量的原则

(1)不符合合同文件要求的工程不予计量。即工程必须满足设计图纸、技术规范等合同文件对其在工程质量上的要求,同时有关的工程质量验收资料齐全、手续完备,满足合同文件对其在工程管理上的要求。

(2)按合同文件所规定的方法、范围、内容和单位计量。工程计量的方法、范围、内容和单位受合同文件约束,其中工程量清单(说明)、技术规范、合同条款均会从不同角度、不同侧面涉及这方面的内容。计量时要严格遵守这些文件的规定,并且一定要结合起来使用。

(3)因承包人原因造成的超出合同工程范围施工或返工的工程量,发包人不予计量。

3)工程计量的范围与依据

(1)工程计量的范围。

工程计量的范围包括工程量清单及工程变更所修订的工程量清单的内容;合同文件中规定的各项费用支付项目,如费用索赔、各种预付款、价款调整、违约金等。

(2)工程计量的依据。

工程计量的依据包括工程量计算规范;工程量清单及说明;经审定的施工设计图纸及其说明,工程变更令及其修订的工程量清单;合同条件;技术规范;有关计量的补充协议;经审定的施工组织设计或施工方案,经审定的其他有关技术经济文件等。

4)工程计量的方法

工程量必须按照相关工程现行国家计量规范规定的工程量计算规则进行计算。工程计量可以选择按月或按工程形象进度分段计量,具体计量周期在合同中约定。工程计量分为单价合同的计量和总价合同的计量,成本加酬金合同按单价合同的规定计量。

A. 单价合同的计量

单价合同工程量必须以承包人完成合同应予以计量的确定。施工中进行计量时,发现招标工程量清单中出现缺项、工程量偏差或因工程变更引起工程量增减时,应按承包人在履行合同义务中完成的工程量计算。具体方法如下:

(1)承包人应按合同约定的计量周期和时间提出当期已完工程量报告。发包人应在收到报告7天内核实,并将核实计量结果通知承包人。发包人未在约定时间内进行核实的,承包人提交的计量报告中所列的工程量应视为承包人实际完成的工程量。

(2)发包人认为需要现场计量核实时,应在计量前24小时通知承包人,承包人应为计量提供便利条件并派人参加。当双方均同意核实结果时,双方应在上述记录上签字确认。承包人收到通知后不派人参加计量的,视为认可发包人的计量核实结果。发包人不按约定时间通知承包人,致使承包人未能派人参加计量的,计量核实结果无效。

(3)当承包人认为发包人核实后的计量结果有误时,应在收到计量结果通知后的7天内向发包人提出书面意见,并应附上其认为正确的计量结果和详细的计算资料。发包人收到书面意见后,应在7天内对承包人的计量结果进行复核后通知承包人。承包人对复核结果仍有异议的,应按照合同约定的争议解决办法处理。

(4)承包人完成已标价工程量清单中每个项目的工程量并经发包人核实无误后,发、承包双方应对每个项目的历次计量报表进行汇总,以核实最终结算工程量。发、承包双方应在汇总表上签字确认。

为了规范计量行为,《计价规则》给出了"工程计量申请(核准)表"的规范格式,如附表2所示。

B. 总价合同的计量

采用工程量清单计价方式招标形成的总价合同,其工程量应按照单价合同计量的规定计算。

采用经审定批准的施工图及其预算方式发包形成的总价合同,除按照工程变更规定的工程量增减外,总价合同各项目的工程量应为承包人用于结算的最终工程量。总价合同约定的项目计量应以合同工程经审定批准的施工图纸为依据,发、承包双方应在合同中约定工程计量的形象目标或时间节点进行计量。具体方法如下:

(1)承包人应在合同约定的每个计量周期内对已完成的工程进行计量,并向发包人提交达到工程形象目标完成的工程量和有关计量资料的报告。

(2)发包人应在收到报告7天内对承包人提交的上述资料进行复核,以确定完成的工程量和工程形象目标。对其有异议的,应通知承包人进行共同复核。

2. 支付进度款

在工程计量的基础上,发、承包双方应办理中间结算,支付进度款。

1)进度款的计算

本周期应支付的合同价款(进度款) = 本周期完成的合同价款 × 支付比例 −
本周期应扣减的金额　　　　　　　　(4-3)

A. 本周期完成的合同价款

本周期完成的合同价款包括以下几项:

(1)本周期已完成单价项目价款。已标价工程量清单中的单价项目,承包人应按工程计量确认的工程量与综合单价计算;综合单价发生调整的,以发、承包双方确认调整的综合单价计算。

(2)本周期应支付总价项目价款。已标价工程量清单中的总价项目和按照规范规定形成的总价合同,承包人应按照合同中约定的进度款支付分解,明确总价项目价款的支付时间和金额。具体可由承包人根据施工进度计划和总价构成、费用性质、计划发生时间和相应的工程量等因素,按计量周期进行分解,形成进度款支付分解表,在投标报价时提交,非招标工程在合同治商时提交。

(3)本周期已完成的计日工价款。如在施工过程中,承包人完成发包人提出的工程合同范围以外的零星项目或工作(计日工),承包人在收到指令后,按合同约定的时间向发包人提出并得到签证确认的价款。

(4)本周期应支付的安全文明施工费。发包人应在工程开工后的28天内预付不低于当年施工进度计划的安全文明施工费总额的60%,其余部分应按照提前安排的原则进行分解,并应与进度款同期支付。

（5）本周期应增加的合同价款。

①承包人现场签证。现场签证是发包人现场代表（或其授权的监理人、工程造价咨询人）与承包人现场代表就施工过程中涉及的责任事件所作的签认证明。如在施工过程中，承包人完成发包人提出的工程合同范围以外的零星项目或工作（计日工），承包人在收到指令后，按合同约定的时间向发包人提出并得到签证确认的价款。再如发生设计变更，承包人按合同约定的时间向发包人提出并得到签证确认的价款等。

②得到发包人确认的索赔金额。在合同履行过程中，由于非承包人原因（如长时间停水、停电，不可抗力，发包人延期提供甲供材料等）而遭受损失，承包人按照合同约定的时间向发包人索赔并得到确定的金额。

在合同履行过程中，由于非发包人原因（材料不合格、未能按监理人要求完成缺陷补救工作、由于承包人的原因修改进度计划导致发包人有额外投入、管理不善延误工期等）而遭受损失，发包人按照合同约定的时间向承包人索赔并得到确认的金额，可从承包人的索赔或签证款中扣除或按照合同约定方式进行。

工程施工过程中，可能会发生合同约定价款调整的事项，主要有法律法规变化、工程变更、项目特征不符、工程量清单缺项、工程量偏差、发生合同以外的零星工作、不可抗力、索赔等情况，施工单位按约定提出价款调整报告或者是签证、索赔等资料，取得发包人书面确认，以此调整价款，可以在进度款支付时一并结算，也可以在竣工结算时一并结算，具体方式在合同中约定。

B. 支付比例

进度款的支付比例按照合同约定，按期中结算价款总额计，不低于 60%，不高于 90%。建设部、财政部印发的《建设工程质量保证金管理暂行办法》第 7 条规定：全部或者部分使用政府投资的建设项目，按工程价款结算总额 5% 左右的比例预留保证金。

C. 本周期应扣减的金额

本周期应扣减的金额包括：

（1）扣回的预付款。预付款应从每一个支付期应付给承包人的工程进度款中扣回，直至扣回的金额达到合同约定的预付款金额。

（2）发包人提供的甲供材料金额。发包人提供的甲供材料金额，应按照发包人签约提供的单价和数量从进度款支付中扣除。

2）进度款的支付程序

A. 承包人提交进度款支付申请

承包人应在每个计量周期到期后的 7 天内向发包人提交已完工程进度款支付申请一式四份，详细说明此周期认为有权得到的款项，包括分包人已完工程的价款。《计价规则》给出了"进度款支付申请（核准）表"的规范格式。

支付申请应包括下列内容：

（1）累计已完成的合同价款。

（2）累计已实际支付的合同价款。

（3）本周期合计完成的合同价款：①本周期已完成单价项目的金额；②本周期应支付的总价项目的金额；③本周期已完成的计日工价款；④本周期应支付的安全文明施工费；

⑤本周期应增加的金额。

（4）本周期合计应扣减的金额：①本周期应扣回的预付款；②本周期应扣减的金额。

（5）本周期实际应支付的合同价款。

B.发包人签发进度款支付证书

发包人应在收到承包人进度款支付申请后的14天内，根据计量结果和合同约定对申请内容予以核实，确认后向承包人出具进度款支付证书，若发、承包双方对部分清单项目的计量结果出现争议，发包人应对无争议部分的工程计量结果向承包人出具进度款支付证书。

《计价规则》将进度款的申请与核准都在"进度款支付申请（核准）表"中集中表达，发包人在该表上选择"同意支付"并盖章，该表即变为进度款的支付证书。

C.发包人支付进度款

发包人应在签发进度款支付证书后的14天内，按照支付证书列明的金额向承包人按照合同约定的账户支付进度款。若发包人逾期未签发进度款支付证书，则视为承包人提交的进度款支付申请已被认可，承包人可向发包人发出催告付款的通知。发包人应在收到通知后的14天内，按照承包人支付申请的金额向承包人支付进度款。

发现已签发的任何支付证书有错、漏或重复的数额，发包人有权予以修正，承包人也有权提出修正申请。经发、承包双方复核同意修正的，应在本次到期的进度款中支付或扣减。

为了规范计价行为，《计价规则》给出了"进度款支付申请（核准）表"的规范格式，如附表3所示。

（三）竣工结算

竣工结算按照结算对象分为单位工程结算、单项工程结算和建设项目竣工总结算。其中，单位工程竣工结算和单项工程竣工结算也可以看成是建设项目的分阶段结算。

1.竣工结算的编制

预付款、进度款通过支付申请、支付证书实现，而竣工结算要形成一套内容完整、格式规范的经济文件，是对工程实际造价的最终确定，其编制相应表格在《计价规则》第16.2.23条有详细的规定：竣工结算使用的表格包括：封－4、扉－4、表－01、表－05、表－06、表－07、表－08、表－09、表－10、表－11、表－12、表－13、表－14、表－15、表－16、表－17、表－18、表－19、表－20、表－21或表－22。

合同工程完工后，发、承包双方必须在合同约定时间内办理竣工结算。

竣工结算应由承包人或受其委托具有相应资质的工程造价咨询人编制，并由发包人或受其委托具有相应资质的工程造价咨询人核对。

竣工结算的编制依据

（1）国家有关工程量的法律、法规、规章制度和相关的司法解释。

（2）《重庆市建设工程量清单计价规则》（CQJJGZ—2013）。

（3）国务院建设主管部门以及各省、自治区、直辖市和有关部门发布的工程造价计价标准、计价方法、有关规定及相关解释。

（4）施工承发包合同、专业分包合同及补充合同，有关材料、设备采购合同。

（5）招标投标文件，包括招标答疑文件、投标承诺、中标报价书及其组成内容。

（6）工程竣工图或施工图、施工图会审记录、经批准的施工组织设计，以及设计变更、工程洽商和相关会议纪要。

（7）经批准的开工、竣工报告或停工、复工报告。

（8）发、承包双方实施过程中已经确认的工程量及其结算的合同价款。

（9）发、承包双方实施过程中已经确认调整后追加（减）的合同价款。

（10）其他依据。

2. 竣工结算的计价原则

在采用工程量清单计价的方式下，工程竣工结算的计价原则如下：

（1）分部分项工程和措施项目中的单价项目应依据双方确认的工程量与已标价工程量清单的综合单价计算；如发生调整，以发、承包双方确认调整的综合单价计算。

（2）措施项目中的总价项目应依据合同约定的项目和金额计算；如发生调整，以发、承包双方确认调整的金额计算，其中安全文明施工费必须按照国家、省级、建设行政主管部门的规定计算。

（3）其他项目应按下列规定计价：

①计日工应按发、承包实际签证确认的事项计算。

②暂估价，发、承包双方应按《计价规则》的相关规定计算。

③总承包服务费应依据合同约定金额计算，如发生调整的，以发、承包双方确认调整的金额计算。

④施工索赔费用应依据发、承包双方确认的索赔事项和金额计算。

⑤现场签证费用应依据发、承包双方签证资料所确认的金额计算。

⑥暂列金额应减去合同价款调整（包括索赔、现场签证）金额计算，如有余额归发包人。

（4）规费和税金应按照国家或省级、行业建设主管部门的规定计算。规费中的工程排污费应按工程所在地环境保护部门规定的标准缴纳后按实列入。

此外，发、承包双方在合同工程实施过程中已经确认的工程量计量结果和合同价款，在竣工结算办理中应直接进入结算。

3. 竣工结算款的计算方法

1）竣工结算款的计算

$$施工结算造价（工程实际造价）= 分部分项工程费 + 措施项目费 + 其他项目费 + \\ 规费 + 税金 \tag{4-4}$$

$$分部分项工程费 = 双方确认的工程量 × 已标价工程量清单的综合单价 \tag{4-5}$$

（如发生调整，以发、承包双方确认调整的综合单价计算）

$$措施项目费 = 单价措施项目费 + 总价措施项目费 \tag{4-6}$$

$$单价措施项目费 = 双方确认的工程量 × 已标价工程量清单的综合单价 \tag{4-7}$$

（如发生调整，以发、承包双方确认调整的综合单价计算）

$$总价措施项目费 = 合同约定的取费基础 × 已标价工程量清单的费率 \tag{4-8}$$

（如发生调整，以发、承包双方确认调整的金额计算）

其中安全文明施工费必须按照国家或省级、行业建设主管部门的规定计算,各省、自治区、直辖市均有具体规定,如某省规定:本省行政区域内按规定进行现场评分的工程,承包人凭《安全文明施工措施评价及费率测定表》测定的费率办理竣工结算,未经现场评价或承包人不能出具《安全文明施工措施评价及费率测定表》的,承包人不得收取安全文明施工费中的文明施工费、安全施工费、临时设施费。

$$其他项目费 = 实际确认的计日工 + 实际结算的专业工程价款 +$$
$$双方确认的总承包服务费 + 双方确认的索赔费 + 双方确认的签证费$$

$$(4-9)$$

为了方便统计可能作为取费基础的定额人工费等,有的结算人员将索赔、签证费用填入"分部分项工程和单价措施项目清单与计价表"内;也有的结算人员将索赔、签证费用直接在工程造价中汇总,这里的索赔、签证费用应该是包含规费和税金的金额。

$$规费 = 当地主管部门规定的取费基础 × 规定的费率 \qquad (4-10)$$

其中工程排污费应按工程所在地环境保护部门规定标准缴纳后按实计算。

$$税金 = 实际的税前造价 × 规定的税率$$

2)竣工结算应支付价款的计算

$$竣工结算应支付的价款 = 竣工结算造价(工程实际造价) -$$
$$累计已实际支付的合同价款 - 质量保证金$$

$$(4-11)$$

4. 竣工结算的程序

1)承包人提交竣工结算文件

合同工程完工后,承包人应在经发、承包双方确认的合同工程期中价款结算的基础上汇总完成竣工结算文件,应在提交竣工验收申请的同时向发包人提交竣工结算文件。

承包人未在合同约定的时间内提交竣工结算文件,经发包人催告后14天内未提交或没有明确答复的,发包人根据有关已有资料编制竣工结算文件,作为办理竣工结算和支付结算款的依据,承包人应予以认可。

2)发包人核对竣工结算文件

发包人可以自行核对竣工结算文件,也可以委托工程造价咨询人核对竣工结算文件。

A. 发包人自行核对竣工结算文件

(1)发包人应在收到承包人提交的竣工结算文件后的28天内核对。发包人经核实,认为承包人还应进一步补充资料和修改结算文件,应在上述时间内向承包人提出核实意见,承包人在收到核实意见后的28天内应按照发包人提出的合理要求补充资料,修改竣工结算文件,并应再次提交给发包人复核。

(2)发包人应在收到承包人再次提交的竣工结算文件后的28天内予以复核,并将复核结果通知承包人。如果发、承包人对复核结果无异议,应在7天内在竣工结算文件上签字确认,竣工结算办理完毕。如果发包人或承包人认为复核结果有误,对无异议部分办理不完全竣工结算;有异议部分由发、承包双方协商解决,协商不成的,按照合同约定的争议解决方式处理。

(3)发包人在收到承包人竣工结算文件后的28天内,不确认也未提出异议的,应视为承包人提交的竣工结算文件已被发包人认可,竣工结算办理完毕。

(4)承包人在收到发包人提出的核实意见后的 28 天内,不确认也未提出异议的,应视为发包人提出的核实意见已被承包人认可,竣工结算办理完毕。

B. 发包人委托工程造价咨询人核对竣工结算文件

发包人委托工程造价咨询人核对竣工结算文件的,工程造价咨询人应在 28 天内核对完毕,核对结论与承包人竣工结算文件不一致的,应提交承包人复核;承包人应在 14 天内将同意核对结论或不同意见的说明提交给工程造价咨询人。工程造价咨询人收到承包人提出的异议后,应再次复核,复核无异议的,发、承包双方应在 7 天内在竣工结算文件上签字确认,竣工结算办理完毕。复核后仍有异议的,对无异议部分办理不完全竣工结算;有异议部分由发、承包双方协商解决,协商不成的,按照合同约定的争议解决方式处理。

承包人逾期未提出书面异议的,视为工程造价咨询人核对的竣工结算文件已经被承包人认可。

3)竣工结算文件的签认

对发包人或发包人委托的工程造价咨询人指派的专业人员与承包人指派的专业人员经核对后无异议的竣工结算文件,除非发、承包人能提出具体、详细的不同意见,发、承包人都应在竣工结算文件上签名确认,如其中一方拒不签字,按下列规定办理:

(1)若发包人拒不签字,承包人可不提供竣工验收备案资料,并有权拒绝与发包人或其上级部门委托的工程造价咨询人重新核对竣工结算文件。

(2)若承包人拒不签字,发包人要求办理竣工验收备案的,承包人不得拒绝提供竣工验收资料,否则,由此造成的损失,承包人应承担相应责任。

合同工程竣工结算核对完成,发、承包双方签字确认后,发包人不得要求承包人与另一个或多个工程造价咨询人重复核对竣工结算。

4)支付竣工结算款

A. 承包人提交竣工结算支付申请

该申请应包括下列内容:

(1)竣工结算合同价款总额。

(2)累计已实际支付的合同价款。

(3)应扣留的质量保证金。

(4)实际应支付的竣工阶段款金额。

质量保证金是合同约定承包人用于保证其在缺陷责任期内履行缺陷修补义务的担保。

承包人提供质量保证金有三种方式可供发、承包双方选择:

(1)质量保证金保函。

(2)相应比例的工程款。

(3)双方约定的其他方式。

除专有合同条款另有约定外,质量保证金原则上采取第(1)种方式。工程实际中更多采取第(2)种,发包人按照合同约定的质量保证金比例从工程结算中预留质量保证金。

质量保证金的扣留方式有三种可供发、承包双方选择:

（1）在支付工程进度款时逐次扣留,在此情形下,质量保证金的计算基数不包括预付款的支付、扣回以及价款调整的金额。

（2）工程竣工结算时一次性扣留质量保证金。

（3）双方约定的其他扣留方式。

《建设工程质量保证金管理暂行办法》(建质〔2005〕7号)第6条规定:建设工程竣工结算后,发包人应按照合同约定及时向承包人支付工程结算价款并预留保证金。第7条规定:全部或者部分使用政府投资的建设项目,按工程价款结算总额5%左右的比例预留保证金。社会投资项目采用预留保证金方式的,预留保证金的比例可参照执行。

工程实际中一般采取第（2）种方式,即在工程竣工结算时一次性扣留质量保证金。如承包人在发包人签发竣工结算支付证书后28天内提交质量保证金保函,发包人应同时退还扣留的作为质量保证金的工程价款。

《计价规则》给出了"竣工结算款支付申请(核准)表"的规范格式,如附表4所示。

B. 发包人签发竣工结算支付证书

发包人应在收到承包人提交竣工结算款支付申请后的7天内予以核实,向承包人签发竣工结算支付证书。

《计价规则》将竣工结算款的申请与核准都在"竣工结算款支付申请(核准)表"中集中表达,发包人在该表上选择"同意支付"并盖章,该表即变为竣工结算款的支付证书。

C. 支付竣工结算款

发包人签发竣工结算支付证书后的14天内,按照竣工结算支付证书列明的金额向承包人按照合同约定的账户支付结算款。

（四）最终清算

最终清算是指合同约定的缺陷责任期终止后,承包人按照合同规定完成全部剩余工作且质量合格的,发包人与承包人结算全部剩余款项的活动。

最终清算的时间就是合同约定的缺陷责任期终止后。

1. 缺陷责任期

缺陷责任期是指承包人按照合同约定承担缺陷修复义务,且发包人预留质量保证金的期限,自工程实际竣工日期计算。建设部、财政部颁布的《建设工程质量保证金管理暂行办法》第2条第2款及第3款规定:缺陷是指建设工程质量不符合工程建设强制性标准、设计文件,以及承包合同的约定。缺陷责任期一般为6个月、12个月或24个月,具体可由发、承包双方在合同中约定。因此,缺陷责任期不应超过24个月,具体期限由合同当事人在专用合同条款中约定。

单位工程先于全部工程进行验收,经验收合格并交付使用,该单位工程缺陷责任期自单位工程验收合格之日起算。因发包人原因导致工程无法按合同约定期限进行竣工验收的,缺陷责任期自承包人提交竣工验收申请报告之日起开始计算;发包人未经竣工验收擅自使用工程的,缺陷责任期自工程转移占有之日起开始计算。

工程竣工验收合格后,因承包人原因导致缺陷或损害,致使工程、单位工程或某项主要设备不能按原定目的使用的,则发包人有权要求承包人延长缺陷责任期,并应在原缺陷责任期届满前发出延长通知,但缺陷责任期最长不能超过24个月。

缺陷责任期不同于保修期,保修期是指承包人按照合同约定对工程承担保修责任的期限,从工程竣工验收合格之日起计算,具体分部分项工程的保修期由合同当事人在专用合同条款中约定,但不低于法定最低保修年限。在工程保修期内,承包人应当根据有关法律规定以及合同约定承担保修责任。

发包人未经竣工验收擅自使用工程的,保修期自转移占有之日起开始计算。

《建设工程质量管理条例》第40条规定,在正常使用条件下,建设工程的最低保修期限为:

(1)基础设施工程、房屋建筑的地基基础工程和主体结构工程,为设计文件规定的该工程的合理使用年限。

(2)屋面防水工程,有防水要求的卫生间、房间和外墙面的防渗漏,为5年。

(3)供热与供冷系统,为2个采暖期、供冷期。

(4)电气管线、给排水管道、设备安装和装修工程,为2年。

(5)其他项目的保修期限由发包方与承包方约定。

2. 缺陷期的工程责任

承包人应按照合同约定履行属于自身责任的工程缺陷修复义务,即因承包人原因造成的工程缺陷、损害,承包人应负责修复,并承担修复的费用以及因工程的缺陷、损害造成的人身伤害和财产损失,但承包人拒绝维修或未能在合理期限内修复缺陷或损失,且经发包人书面催告仍未修复的,发包人有权自行修复或委托第三方修复,所需费用由承包人承担。发包人有权从质量保证金中扣除用于缺陷修复的各项支出。

经查验,工程缺陷属于发包人原因造成的,应由发包人承担查验和缺陷修复的费用,由发包人安排,承包人修复范围超过缺陷或损害范围的,超过范围部分的修复费用由发包人承担。

任何一项缺陷或损害修复后,经检查证明其影响了工程或工程设备的使用性能,承包人应重新进行合同约定的试验和试运行,试验和试运行的全部费用应由责任方承担。

质量保证金在缺陷期满后办理清算,但不等于承包人对缺陷期满后工程尚处于保修期的部分不负责任,双方应在保修合同中约定保修期内修复费用的处理、承包人接到发包人修复通知到达工程现场予以修复的合理时间,以及承包人不履行修复责任的违约责任等。

通知到达工程现场予以修复的合理时间,以及承包人不履行修复责任的违约责任等。

3. 最终清算款计算

$$最终应支付的合同价款 = 预留的质量保证金 + 因发包人原因造成缺陷的修复金额 -$$
$$承包人不修复缺陷、发包人组织的金额 \qquad\qquad (4\text{-}12)$$

发包人原因造成缺陷的修复金额是指工程缺陷属于发包人原因造成的,由发包人安排,承包人予以修复,该部分由发包人承担,可以在最终清算时一并结算。

承包人不修复缺陷、发包人组织的金额是指应由承包人承担的修复责任,经发包人书面催告仍未修复的,发包人自行修复或委托第三方修复所发生的费用。

4. 最终清算的程序

1)承包人提交最终清算申请

缺陷责任期终止后,承包人应按照合同约定的份数和期限向发包人提交最终清算支付申请,并提供相应证明材料,详细说明承包人根据合同约定已经完成的全部工程价款金额,以及承包人认为根据合同规定应进一步支付的其他款项。发包人对最终结清支付申请有异议的,有权要求承包人进行修正和提供补充资料。承包人修正后,应再次向发包人提交修正后的最终结清支付申请。

《计价规则》给出了"最终结清支付申请(核准)表"的规范格式,如附表 5 所示。

2) 发包人签发最终支付证书

发包人应在收到最终结清支付申请后的 14 天内予以核实,并向承包人签发最终结清支付证书。发包人未在约定时间内核实,又未提出具体意见的,视为承包人提交的最终结清申请单已被发包人认可。

《计价规则》将最终结清的申请与核准都在"最终结清支付申请(核准)表"集中表达,发包人在该表上选择"同意支付"并盖章,该表即变为最终支付证书。

发包人在该表上选择"同意支付"并盖章,该表即变为最终支付证书。

3) 发包人向承包人支付最终工程价款

发包人应在签发最终结清支付证书后的 14 天内,按照最终结清支付证书列明的金额向承包人支付最终结清款。

最终结清付款后,承包人在合同内享有的索赔权利也自行终止。发包人未按期支付的,承包人可催告发包人在合理的期限内支付,并有权获得延迟支付的利息。最终结清时,如果承包人被扣留的质量保证金不足以抵减发包人工程缺陷修复费用,承包人应承担不足部分的补偿责任。

最终结清付款涉及政府投资资金的,按照国库集中支付等国家相关规定和专用合同条款的约定处理。

承包人对发包人支付的最终结清有异议的,按照合同约定的支付方式处理。

复习题

1.(   )是指施工单位依据承包合同和已完工程量,按照规定的程序向建设单位计取工程价款的一项经济活动。

    A. 工程结算   B. 进度结算

    C. 竣工决算   D. 决算

2.在开工以前,发包人按照合同约定,预先支付给承包人用于购买合同工程施工所需的材料、工程设备,以及组织施工机械和人员进场等的款项,称作(   )。

    A. 进度款   B. 预付款

    C. 工程款   D. 合同款

3.(   )是指为了保证工程施工的正常进行,发包人(甲方)根据合同的约定和有关规定按工程的形象进度按时支付的工程款。

    A. 预付款   B. 工程进度款

    C. 决算款   D. 备料款

4. 预付款起扣点可按下式计算:(   )。

A. 起扣点 = 工程备料款额度 × 工程合同价款

B. 起扣点 = 承包工程合同价款 − 工程备料款数额/主要材料费比例

C. 起扣点 = 承包工程合同价款 − 工程备料款额度/主要材料费比例

D. 起扣点 = 1 − (工程备料款数额/主要材料费比例) × 100%

5. (   )是指施工企业按照合同规定全部完成所承包的工程,经质量验收合格,并符合合同要求之后,向发包单位进行的最终工程价款结算。

A. 进度结算   B. 竣工决算

C. 合同结算   D. 竣工结算

6. (   )是指工程竣工后,由建设单位编制的综合反映竣工项目从筹建开始到竣工交付使用为止全过程的全部实际支出费用的经济文件。

A. 建设项目竣工决算   B. 建设项目竣工结算

C. 竣工验收价格   D. 单位工程竣工成本结算

附 录

附表1 预付款支付申请(核准)表

工程名称: 编号:

致:(发包人全称)＿＿＿＿＿＿＿＿＿＿＿＿

我方根据施工合同的约定,现申请工程预付款为(大写)＿＿＿＿＿元(小写＿＿＿ 元),请予核准。

序号	名称	申请金额(元)	复核金额(元)	备注
1	已签约合同价款金额			
2	其中:安全文明施工费			
3	应支付的预付款			
4	应支付的安全文明施工费			
5	合计应支付的预付款			

承包人(章)

造价人员＿＿＿＿＿＿   承包人代表＿＿＿＿＿＿   日 期＿＿＿＿＿＿

复核意见: □与实际施工情况不相符,修改意见见附件。 □与实际施工情况相符,具体金额由造价工程师复核。 监理工程师＿＿＿＿＿ 日 期＿＿＿＿＿	复核意见: 　你方提出的支付申请经复核,应支付预付款金额为(大写)＿＿＿＿＿元(小写＿＿＿元)。 造价工程师＿＿＿＿ 日 期＿＿＿＿

审核意见:

□不同意。

□同意,支付时间为本表签发后的 14 天内。

承包人(章)

发包人代表＿＿＿＿＿

日 期＿＿＿＿＿

注:1.在选择栏中的"□"内作标识"√"。

　2.本表一式四份,由承包人填报,发包人、监理人、造价咨询人、承包人各存一份。

附表2 工程计量申请(核准)表

工程名称：   编号：

序号	项目编码	项目名称	计量单位	承包人申报数量	发包人核实数量	发、承包人确认数量	备注

发包人代表：	监理工程师：	造价工程师：	发包人代表：
日期	日期	日期	日期

附表 3　进度款支付申请(核准)表

工程名称：　　　　　　　　　　　　　　　　　　　　　　　编号：

致：　(发包人全称)　

　　我方于＿＿＿＿　至＿＿＿＿　期间已完成了＿＿＿＿　工作,根据施工合同的约定,现申请支付本周期的合同价款为(大写)＿＿＿＿　元(小写＿＿＿＿　元),请予核准。

序号	名称	实际金额 （元）	申请金额 （元）	复核金额 （元）	备注
1	累计已完成的合同价款				
2	累计已实际支付的合同价款				
3	本周期合计完成的合同价款				
3.1	本周期已完成单价项目的金额				
3.2	本周期应支付的总价项目金额				
3.3	本周期完成的计日工金额				
3.4	本周期应支付的安全文明施工费				
3.5	本周期应增加的合同价款				
4	本周期合计应扣减的金额				
4.1	本周期应抵扣的预付款				
4.2	本周期应扣减的金额				
5	本周期应支付的合同价款				

附:上述 3.4 详见附件清单　　　　　　　　　　　　承包人(章)

承包人代表＿＿＿＿＿＿＿　　造价人员＿＿＿＿＿＿＿　　日　　期＿＿＿＿＿＿＿

复核意见：
□与实际施工情况不相符,修改意见见附件。
□与实际施工情况相符,具体金额由造价工程师复核。

　　　　　　　　监理工程师＿＿＿＿＿
　　　　　　　　日　　期＿＿＿＿＿

复核意见：
　　你方提出的支付申请经复核,本周期已完成合同价款为(大写＿＿＿＿元)(小写＿＿＿＿元),本周期应支付的金额为(大写＿＿＿＿元),(小写＿＿＿＿元)。

　　　　　　　　造价工程师＿＿＿＿＿
　　　　　　　　日　　期＿＿＿＿＿

审核意见：
□不同意。
□同意,支付时间为本表签发后的 14 天内。

　　　　　　　　　　　　　　　　　承包人(章)
　　　　　　　　　　　　　　　　　发包人代表＿＿＿＿＿
　　　　　　　　　　　　　　　　　日　　期＿＿＿＿＿

注：1. 在选择栏中的"□"内作标识"√"。

　　2. 本表一式四份,由承包人填报,发包人、监理人、造价咨询人、承包人各存一份。

附表4 竣工结算款支付申请(核准)表

工程名称：_____   编号：_____

致：__(发包人全称)__

我方于_____ 至_____ 期间已完成合同约定的工作,工程已经完工,根据施工合同的约定,现申请支付竣工结算合同价款为(大写)_____ 元(小写_____ 元),请予核准。

序号	名称	申请金额(元)	复核金额(元)	备注
1	竣工结算合同价款金额			
2	累计已实际支付的合同价款			
3	应预留的质量保证金			
4	应支付的竣工结算款金额			

承包人(章)

承包人代表_____ 造价人员_____ 日   期_____

复核意见： □与实际施工情况不相符,修改意见见附件。 □与实际施工情况相符,具体金额由造价工程师复核。 监理工程师_____ 日 期_____	复核意见： 　　你方提出的竣工结算款支付申请经复核,竣工结算款总额为(大写)_____ 元(小写____ 元),扣除前期支付以及质量保证金后应支付的金额为(大写)____ 元(小写____元)。 造价工程师_____ 日 期_____

审核意见：
□不同意。
□同意,支付时间为本表签发后的14天内。

承包人(章)
发包人代表_____
日   期_____

注：1. 在选择栏中的"□"内作标识"√"。

　　2. 本表一式四份,由承包人填报,发包人、监理人、造价咨询人、承包人各存一份。

附表5 最终结清支付申请(核准)表

工程名称: 编号:

致:___(发包人全称)
　　我方于_____至_____期间已完成了缺陷修复工作,根据施工合同的约定,现申请支付最终结清合同价款为(大写)_____元(小写_____元),请予核准。

序号	名称	申请金额(元)	复核金额(元)	备注
1	已预留的质量保证金			
2	应增加因发包人原因造成缺陷的修复金额			
3	应扣除承包人不修复缺陷、发包人组织修复的金额			
4	支付的合同价款			

承包人(章)

承包人代表_____　　造价人员_____　　日　期_____

复核意见:
□与实际施工情况不相符,修改意见见附件。
□与实际施工情况相符,具体金额由造价工程师复核。

监理工程师_____
日　期_____

复核意见:
　　你方提出的支付申请经复核,最终应支付金额为(大写)_____元(小写_____元)。

造价工程师_____
日　期_____

审核意见:
□不同意。
□同意,支付时间为本表签发后的14天内。

承包人(章)
发包人代表_____
日　期_____

注:1.在选择栏中的"□"内作标识"√"。
　　2.本表一式四份,由承包人填报,发包人、监理人、造价咨询人、承包人各存一份。

参考文献

[1] 廖天平.建筑工程定额与预算[M].北京:高等教育出版社,2002.

[2] 唐小林.建筑工程计量与计价[M].重庆:重庆大学出版社,2008.

[3] 重庆市城乡建设委员会.CQJJGZ—2013 重庆市建设工程工程量清单计价规则[S].北京:中国建材工业出版社,2008.

[4] 中华人民共和国住房和城乡建设部.GB 50500—2013 建设工程工程量清单计价规范[S].北京:中国计划出版社,2013.

[5] 重庆市城乡建设委员会.CQJZDE—2008 重庆市建筑工程计价定额[S].北京:中国建材工业出版社,2008.